U0397500

《遇见普洱》

作　者	蔡妙芳	陈达舜	陈镜顺
主　编	陈达舜	陈镜顺	
编　委	蔡金华	曹　雪	陈宏城　陈柳滨

编委
陈文彪　陈植滨　崔向红　洪少培
黄　波　黄昭宏　黄贞贞　赖　苏
李森元　李绪澎　李学凌　梁海潜
林志明　刘　悦　刘境奇　卢树勋
石闻一　童劲宏　王　焰　王绍强
巫欲晓　吴义永　谢　凯　张　阳
张继军　张黎明　张梓阳　郑　旭
郑少烘　钟　山　朱见山

（编委排名以姓氏拼音为序）

Meet Pu'er

一片树叶的际遇

蔡妙芳
陈达舜　著
陈镜顺

遇见普洱

薪传立体图书

华东师范大学出版社

目　录

一片树叶
的
际遇

我最早看的有关普洱茶的专著是雷平阳的《普洱茶记》，那是2005年的事了。说来好笑，之所以看这本书，并非对普洱茶有强烈的追本溯源的愿望，而是因为作者是我喜欢的一位诗人。好的诗人，是替天言说的歌者，其文字本身就是一种神秘的呈现。读雷平阳的诗，就时时有这种关于土地、关于人类起源的神秘感。

　　我想，他写的茶书，大概也不会偏离这个方向，叙述一片神奇的树叶，当是一种天问。

　　他确实是这样做的，祛魅，如剥葱般，一层一层地拨开普洱茶的神秘面纱，让这种天赐的神奇植物回归到它的生命本源。后来他又写了一本《八山记》，更是深入到神话和历史中去，简直疑是一种历史的招魂了。

　　而我们的想法要简单得多，普洱茶作为一种饮品，需要一种原初的叙述，即使收集和整理了许多前人的著作和历史资料，我们还是以一种初遇的好奇和单纯，来写写我们的所见和所思。

庄子在《庄子·外篇·山木》篇中讲了个故事：庄子行于山中，见大木枝叶盛茂，伐木者止其旁而不取也。问其故，曰："无所可用。"庄子曰："此木以不材得终其天年。"

　　在中国传统儒家思想里，"有用"是头等大事，庄子独辟蹊径，提出"无用之用"的概念：尊重个体的独特个性，才能真正达到物尽其用。也就是在个体自由的前提下，自我定义。

　　就此而言，相对于"栋梁之材"，茶树无论从哪个角度来看，都是"无用"的。如果不是古人发现了它的叶子的功效，茶树充其量，就是一种"烧材"。

　　"无用之用"的发现，是将精神最初的胜利，提升到审美的阶段。

　　屈原在《离骚》中写道："扈江离与辟芷兮，纫秋兰以为佩。"

　　相对于视觉和嗅觉的直观，味觉的发现要迟得多。

　　茶叶的"无用之用"被发现，是先从实

用，再到怡情悦性的。

茶在古代中国有多种叫法，最常见的是"茶"和"荼"。在唐以前，"茶"、"荼"两字不分。"荼"是一种苦菜，大抵有解毒的作用。我是否可以这样来设想，茶在先民的生活里，就是一种治病的药？事实真是如此，在中国古代的药书里，茶就是一种药。单独作为一种饮品，是很久以后的事情了。

中国的茶品种类很多，本书要说的是普洱茶，一种千百年来生长在中国云南的古老茶树。

我们要以初次走进云南般的寻觅，"遇见普洱"。

首先，是遇见一个叫西双版纳的地方。这是一片神奇的地方，相对于中原文化，它的古老原始，带有原初的野性和莽莽生气。

然后遇到一种古老的大叶乔木，它叫"普洱"。我们通过行走，从土地、从人们口中，了解这种树上的一片叶子的历史沧桑，它与人和历史的关系。它的遭遇，似乎和这片土地上的人的遭遇是重叠的。

　　了解一片茶叶之后，我们突然发现这片山水带着不同的气味了。

　　然而有太多太多的人和事纠结在这片树叶里，剪不断，理还乱。

　　我们无法评说。

　　我们更愿意做一个对普洱茶充满好奇心的"品饮者"来叙述我们"走进去"的所见所闻：茶树与地理，茶与茶人，茶与生活方式，一切简单又自然的连接，带给你最基本的感观。

　　最重要的是，当你读完这本书之后，能和我们一样，遇到美好。

　　有首古老的茶歌这么唱道：

　　天地混沌未开，大地一片荒漠。

　　天上有一棵茶树，愿意到地上生长。

　　……

　　大地明亮得像宝石，大地美丽得像天堂。

2019.4.15

晨，广州 飞昆明 转机 → 西双版纳内

《冒险萌芽》

○ 遵循身心自由舒适的流行不止一条，对于爱茶人来说，茶的路，是不是最有拿头去走的那一条

此行，能遇见谁，遇见什么事，在各自不同的时刻道上遇见，是宿缘，也是缘分 ……

○ 西双版纳，境内大江是澜沧江之

飞机上望下去，茶山绵冒，大江浩荡一条银蓝色带那些被划分为一格一格的棕褐色方块力的土地是什么？　　　　　　　　　　种茶的棚屋？
　　　　　　　　　　　　　　　　　　群……的 车间吧
○ 清明前谷雨后　　　　　　　　　　　热带气候，亚热带
这个时候家是采茶的最好的季节　　　　　　风的
明前雨后，水气充沛，春风拂面的天气，我就在澜不是江南，一落地，一股平热的气息扑面而来
○ 西双版纳　　云南三大茶山之，西双版纳境内，普洱，92名的原

低海拔，勐巴拉那西，神奇而理想的乐土
　　　　"植物的基因库" "药材之乡"
勐力，街上到处是Rentino泰式店，与傣的装不在这里并不有基土

○江外古茶山，主要为贺开布朗
江内：易武茶山
→ 江内茶区先辩幺动海
　　江外茶区后辩帮武

※ 动海刚烈，易武柔和一

○ 到达动海一
印象记：此地子茶行泼水节。
〔农历3月3，傣族新年·
相当于汉族春节·〕

全城放十放假，司机不可发侍别开窗，否则被窗又一
则就是被动的的人泼水。 △ 三进一个泼水的民族·
奇妙是这城中有茶家这是十草木香的

○动海，应该算得上是一个地域意义上的边塞城·看
外来的人，景，衣着服饰，生活方式，饮食特点，
很有外来痕迹，所见比此地与其它地方文化的可的性·

○动海，普洱茶史一个重要的名字·他们说，进入
动海就是进入一条普洱茶的历史轨道

▲ 了解一个茶和其业，必须先知这它的来大，才有可能
感悟它的去脉— Then，动海的来大是什么？
从哪里主探动山？
动海人数据？

《景洪县傣族志》·檀萃
公元225年
1720多年前·

茶山有茶王树，较王山独大·本武候造册，至今夷民祀之。—— 动海种茶史这么

26.9.4.17.

老班章　勐海 → 老班章（2小时的山路）

○进入老班章的山路颠簸而险峻，这是一个闭而闭塞的村寨。山路难行，但茶对人的吸引，走越往里进，走越加强烈。

○这里是云南勐海县佛海乡的东南部一个小寨子。普洱茶之霸道，口味强烈的普洱茶。老班章是普洱山头茶一个高峰。老班章的地位　产区的巅峰

○每年11月—次年3月　蘑菇源产地，该村寨
老班章古道园的茶雾浓郁，所产茶叶风骨刚烈，气势雄浑，刚中有柔，强中有媚，滋味厚重，浓烈霸道。

○吸着水火风窗的村里先人，茶山接人之村将已给各户村长。全村所有茶树不准施肥、打农药，保证茶叶的质量，以此遵守，村委会将给予重罚。村口有人把守，严查过往车辆，只准拉茶出去，不准拉别处的茶进村，目的：为保老班章茶的产地保证。○遇见一辆旅车轮的老班章茶
是什么样感受？

打开包裹着陈年老树章茶饼的面, 那层薄之的棉纸, 一般富有山野气息的木香味悠然飘出. 老树章茶的幽蜜枣蜜香. 拉杯, 槽蜜香, 兰香, 还有很难描述清楚的山韵, 枣香岭味.

口野味.

如何形容老树章茶的底蕴, 才是准确呢?

只写又老树章

这是一个有味道的地方

△山道上行走的村民, 以前是读人(以前读的是祖爱的人, 由林老都和山迁徙至此地. 老树章村的先爱与我寨的布朗族读先人, 对于老树章周边的山地, 林木, 田坎, 及还有数百年树龄的漫山遍野的古树味茶. 一年比一逊给爱任人. 现在爱任之年之害之个先爱就我寨专栏众祠堂牲墓. 以示不忘认先祖所爱恩惠.

●当下, 老树章因以维持风景秩序的基础原谅的一种定向冈军, 但也可见传统的身影正在移动斯三元.

2019.4.18. 易武 (勐海—易武. 5h).

茶马古道的发源地. 镇越县城所在地.

O.抵达易武. 路上已颠簸了五个多小时. 一轮月照在老街的青石板上. 原原生长居的三十户主. 月亮很圆. 而此时夜深. 石板落在易武的老街上. 远远听到几声犬吠. 这个村子. 有种朴素古野的味道. 但是又有一股密 容不上来的气息. 所是原始的, 又是新鲜的. 有种中 蓬勃的苏醒的苏长力. 但细看, 又找不到这股张力的来载点. 或许. 深入去遇见这个古镇的人. 明天. 再 方能有所得.

　　　O 滇藏线茶马古道. O 易武老街.
　　　O 茶马公路. 明论. 历史.

O.普洱业界的说法: 易武, 是普洱茶的主气点, 也是 普洱茶的终点. 易武是半部普洱茶史.

O.时间是普洱茶最好的味道. 走在易武老街上 有一股很悠闲的茶香. 你爱着. 这老街, 有它特有 的步调和味道. 这个时候. 高曦阿叔, 写速视觉 的是易武上学的儿童. 除了地标附带着这个小镇的 梓塘外. 居的的生活. 其实与其它地武的差异时已 经很小.

普洱茶界云：普到章为主，易武为后。

在易武访茶院，采访岁月知味的董事长郑少烘。停电，
点着了蜡烛。烛光暧暧。立下喝到一杯茶。小铁罐条标，
泛着三个字：媛媛发茶。

（一段自带故事感的茶叶）

"为什么叫媛媛发茶？"

郑："因为这茶农有个小女儿，名叫媛之。他为女儿种了几
十亩茶田。收茶之后给这茶叶起名媛之茶。"

易武，有最老的茶树茶人。最初的易武，是什么样的
呢？陆羽经三采到易武的。又是某人十二人，易武茶的
七百年前这里会是派+也。

普洱茶是易武农民生的经济支柱
    ※ 花蜜香
    ※ 蛋香型
    ※ 低苦涩，高强度
    ※ 诸味感

（茶主水叶，主
麻黑……显后
弯弓：至上）

生态山村
蜜香带
易武普洱茶最中学力量。
二易武微产区各司维度指标。

2.站在易武家街行的屋顶，茶马古道的起点，回首
那棵我很旧的大青树，很难不产生一种岁月
苍茫之的感觉。人生如逝，所有的遇见，都是一场
迟到古束……

DATE: ____________ NO. ____________

2019.4.19 落水洞、麻黑村、刮风寨、

▲落水洞：易武山上海拔1465米。20多户人家，人口不足100人。彝族村寨坐落。常年云雾缭绕，温热多雨。土壤肥沃，植被繁茂。寨子中心有大山洞，经地底暗流与大河相通，洞内水从不满溢，得名落水洞。

◎落水洞，易武茶区高品质茶产地之一。
1.独特而优渥的生态环境
2.严谨而精湛的制茶工艺 > 斗茶大赛屡胜

※落水洞：春茶条索紧实，外形呈灰黑色，白毫显。茶汤金黄透亮，口感甜润，蜜香馥郁，汤水入口稍饱满，甘醇，野性……

▲麻黑村：除去世代"古路边"，因村民勤劳经常为人治病赢得鸟七麻黑而得名。住民七八十户，汉、瑶、彝聚居地，村民世代以制茶为生。

○深山藏出俊鸟，易武藏麻黑。
麻黑村就藏在森林里，茶树生长在村民所住寨子周围的山坡上，和摄影师阿哲、小荣来行走在麻黑村他们脚下的土地，仿佛天所指向的神

又带着彼此的喜好和温馨。阿哲托卜苏布的村民
扶着捶了在整修山道的石条石块……小葆亲亲注视着不
懂和会写茶的日常生活仲居。那些带着暖意的
小场景，有温度有气息，每一个瞬吹，都是在人生里的每
一经过却留能在日后，意味深长。

〇 而木黑村民看上去而而中特别感沉厚淳朴的面相，
整个村庄既有基础劳作的劳碌作息，又有闲适的生活
趣味。
　　 。家里户养小动物、虫鸟、何院的孩儿
　　 时候以及朱寿、书桌前的三年不倦有羊群伴
五道村　大树下茶　　的宝，引山水，饭后以绿成声常诵经
经茶　 小的于茶　　然费上好多许多（是某的八其村寸陪友其
　　　　　　　　　 茶来的意思？）

▲ 去小风寨：
　　 老茶人说，要去小风寨，必须遵守约定才能带路，
即要是黄昏六点前，否都人出，须在山坡撒地，山地危险。
〇 去小风寨和友手注接壤，寨山无此偏僻寒，路越
蜿蜒蜿蜒蜒嘛以及，风沙糟糕，车子经过的山路，一侧便
是悬崖。那些深入深山老林，常年出没于深林中
的人，真是爱茶如命。　（山路台小费。30~160°窄陡山路）

2019/4.22 景迈人家

○景迈古茶山，位于云南省澜沧江拉祜族自治县惠民乡境内。有近2000年种茶史，中国六大茶山之一。千年古茶树，面积居各大茶山之首。古茶园占地2.8万亩，古茶山9村寨：景迈、芒景、芒兴/布朗族、傣、哈尼……世界茶园遗产地，普洱茶自然……特殊……

○住在景迈山脚下的柏联茶酒店。茶店就在……辰的山上，显得很落日。远处的茶山，近处的竹楼，茶山在黄昏时分特别好看。夕阳红得像……像一个电影特技所拍出来的，日光雾渲染，被眺望去景迈山的茶林仿佛长在云海边。……深绿、浅黛，绿色里还有点蓝灰，也别有此地群山水面一般的颜色。（所有的景色，除了在画上，也只有其他其地才能……）

○特别喜欢这新中央发生活给人科技地……茶林着原住民独特生活习俗的傣族、布朗族村寨，有何除小厨。去看少数民族的篝火晚会。月光斜泄进来的时候，耳朵听见虫鸣的声音，有草木的香气，所有的遗憾或愁紧这一些的何少？此地教人忘忧。

① 真正的古茶树上摘下的茶叶不可能价格低廉，除非有人骗你。

② 古茶树来景迈的驯化和栽培最早可追溯到傣历的57年（公元180年）。——1800年历史。布朗族先祖遗训：金银财宝终有用完之日，牛马牲畜也终有死亡之时候，只有留下茶种，后代方可取之不尽、用之不尽。

❶ 历史悠久的古迹

❷ 独具风味的医疗

❸ 优美的传说 ※这是一片经养人类的茶叶圣地。

（澜沧江流域是茶的起源地，布朗族的祖先是最早发现野生古茶最早种田、栽培、驯化的民族）

※景迈茶山和以前去过的几座茶山一去，让人产生这样的感觉：如果历史不能以人的高速运转的方式去实现，历史与文明以什么方式存档？有什么能证明人与自然之间互相依存的岁月？如果不是因为寻访茶山遇见普洱的来龙和去脉，我们与这里的一切可能只是只为着山河岁月。眼前的茶山茶园村寨，历史与现实交汇，人文与地理来营造。千百年来，他们仿佛过着世外桃源一般的日子。过往的人、过客一般，打山下匆匆而过走，这么说来都不可能体会不到现见的所有

2019.4.23. 下午　采访陈रर河麦先生

地点：陈रर老总部　　　　　　——陈रर茶创始人

陈रर河：

　　"吾自少年初涉茶事，至今近五十载，虽历经曲折无数，却依然兴致万千。令我萦绕之力及制茶之缘、茶之源流、普洱味片，总离不开茶人乐在其中、以茶心生之茶缘。与君不以尽兴途，若能为传播普洱茶于盛世之际，尽大传播於乡梓尽力，吾家⋯⋯

　　云南普洱茶专家。⋯⋯⋯⋯⋯⋯⋯⋯⋯⋯
　　云南普洱茶协会常务副会长。⋯⋯⋯⋯⋯⋯⋯⋯

O. 陈रर号在普洱茶产业中名洌：ठ।ठ।ठ。作为陈रर茶创始人，您在上世纪初期的时候，在利益最先踏了

各大茶山之后，放弃原来在深圳已经颇有规模的茶业，转而孤独地到云南大→次创业。是什么样的诱因让他在当时普洱市场低之迷的形势下，做出那样近乎疯狂的选择？

O. 陈रर河茶创业时的故事⋯⋯　在陈रर河、陈ठ।洪父亦此之间⋯⋯⋯⋯⋯⋯⋯⋯⋯⋯⋯⋯⋯⋯⋯⋯⋯
⋯⋯⋯⋯⋯⋯⋯⋯⋯⋯生一个未开通的小村，哈尔流一平寨，陈रर河亲自带领工人拉自此资，修建出→公路，改때ठ। ठ।方式发现与이ठ।⋯⋯ठ।碍道路、

让你知道大树茶的味道

私茂了 让你知道大树茶的财富

　　大树茶是陈年普洱茶的原材料。大树茶
的特点、优势。大树茶产区采摘制茶工艺的讲究。

· 普洱茶是茶，也可以是收藏品。

· 陈年普洱是它的渊源。陈树滨 的陈永呗
　　　　　　　　　陈植滨

味年淅淤浆发来，碎虎仪，最青整理？

树龄高树龄就有多端。"　　天时 — 春夏秋冬
2·泡茶有没有韵味。　　　地利 — 地域
　　茶从五六泡却是一个分叉点，人和 — 人的技术问题
　　　　　　　　　　　　　　　工艺粗细。

"对于我是做茶的以前，中国的茶类，加上普洱茶、
都是我们的茶，毛茶的一样子生不一样、
造就没的味道不一样，不同的工艺造就了不同的
产品。

· 我们做茶之的，对到小大七茶都有一个好奇心，
都想去搞清楚，看到底是怎么回事，过是每个
做茶人都会有的心态的。最后证明：
① 加工年的古树大多？② 所找泡一定是此茶 ③ 大时刚来
　　　　　　　　　　　　　　——大叶种茶叶十
　　　　　　　　　　　祖崇

陈××河：

　　茶叶的……西边南很多那么……这些……
……身到十……出去的。到了十……这边以后就觉……
……茶叶中，也就是整个茶叶的……音，所有茶叶……
界的茶叶都……从这南边这里发着……自接印度，其
……里兰卡还有……我来南来这里话就是……
到了源头那种感觉，所以……就爱我天……这样……
却扩着所有事情，认真来陪这些古茶树。

　　每……喝茶，都有一个特征，在……那个地方……到一……
他说得……最好的。这泡茶他永远不会……在
……一泡最好的。以后没有一个能够超越过那一……
……你就会一直记得那一泡茶。这就是一个好茶的
……力。茶叶 { 采时——春夏秋冬
……四……{ 地理——海拔……米，……米，……米……
　　　　　　　　人……——……的十世土。
　　　　　　　　制时种。　　　技术、工艺：不同的人同一个……
　　　　　　　　　　　　　　　　同一个地方采茶，做的也味……
　　小树茶、古茶园 没有好的……　　茶叶，是……味道的。
……不出来的……
……茶叶，即使……青……的工艺。

一泡好茶，就是要达到"清香甘活"这四个字。

路：师傅您制茶的理念是用制药的理念在制茶。这是真的吗？你们做好茶的要求是"清香甘活"。清香甘活，也就是好茶的标准？

陈：清，就是清澈。没有杂物。泡出来的茶水那叫一个干净，非常清澈。茶渣也那么干净。（就是没茶渍）从干茶到茶水到茶渣都是清澈清香；香，就是香气。第一遍到第二十遍这泡茶还有香气这茶很好！甘，回甘。就是一股有韵味，厚度够的茶就会有回甘。第四个活，一进口马上似捧。活就是活。

陈：感谢喜欢我们茶的人。这点我很开心。我总结就是一点（喜欢的学问）。就是把所有的每一件最细小的事情要做好它，就行了！人家想糊弄我们就细心地热。每一点每一点都要去研究一下。不追求做大事。你看那些真正的茶叶的大师。全部都是做小事。越小越做小。小到人家不做的，事情我们去做，就这样坚持，没有什么大不了的！

路：活得通透的老先生。让人油然生敬意。）

一念
缘起

1

飞向
茶区

2

南方
有
嘉木

"茶叶，从本质上来说，其实就是树叶。"

"哪能说茶叶就是树叶哪！茶叶，它是当下日子中不可或缺的必需品，它是生活的，也是精神的，它的本质是一种……"

看到坐在我对面的陈生，正用熟练的手法冲泡一壶普洱茶，又笑吟吟地给我递了一杯老班章春茶，茶汤腻黄如初春景色，一股山野幽香袭鼻而来，我突然发现自己掉进了他用常识设的一个坑里，赶紧停止了无病呻吟。

好吧！茶叶，本质上来说，确实就是树叶。

这一枚在陆羽《茶经》里便已经出现的叶子，在时空的交替中，飘啊飘啊，出现在眼前的壶器之中，成为我们手里的一杯茶。如果用电影手法来表现，像不像美国奥斯卡大片《阿甘正传》的那个开场片段？一片羽毛承载着一个人一生的故事，貌似没有重量一样在空中飘着，似乎低低地正要沉潜下去，一阵微风拂过，忽地在空中打了一个旋儿，轻盈，潇洒，然后向着远处重又飘去。比起电影里的这枚羽毛，树叶，无疑是更有分量、更有质感的。而能够让这枚树叶，神奇地穿越一个又一个的时代，穿越一重又一重的空间，再经历重重工序，成为我眼前的一杯茶的，究竟是一种什么样的神秘力量？

我打量着眼前这位因茶相识多年的茶痴老友打造出来的茶室，一张有年代感的缅甸酸枝木茶台，茶台上一张浅褐色的茶席，几个白瓷杯子，一个煮茶用的电陶炉，旁边又有一个红泥小火炉，茶台的架子上还放着各种各样的茶盘家伙——所有茶室都有的模样。假如说有什么不同，就是茶室有一股洁癖患者特有的气息和味道，到处一尘不染，与茶有关的每一种器物都摆放得整整齐齐——其实对于我这种疑似强迫症患者的人来说，我们之间要互相嘲笑的话，那就是左手打右手，一点抵抗力都没有。

这是中国南方一个高速发展的大城市里，无数庸常日子之中的一个。夏天闷热的午后，空调强制降下来的室温，以及空气中弥漫着的那股若有若无的淡柠清香，让人产生一种室内空气清新的错觉。其实除了中央空调之外，许多写字楼角落里还放着空气净化机，昼夜不停地工作着，以过滤掉大楼外面的灰尘和雾霾。在室内待久了，似乎便忽略了外面的大环境。老家的人来了都说，这里的空气不自然不新鲜，比不上乡下，但是在城市待久了，在乡下我也只能待上几天，或者再长一些也就十几二十天的工夫，待久了感觉自己像游离于这时代之外，成了一个局外人。

生活在大城市有一个好处，就是你可以选择各种生活的可能性。或宅于室，或行于道；或独居自处，或交朋结友；如果想行走更自由点，手机里就有各种便捷的交通方式，打开出行软件，选择一种，就可立马仗着意愿走天涯。

老陈却说他喜欢待在"城乡结合部"——与城市保持一点距离，与村居也保持一点距离。他用心打造的茶室就像一颗纽扣一样，缀在城市与乡村的交界处，像一个游离在两种节奏夹缝里的放逸之处。

在中国的文化里，大隐隐于市，小隐隐于野。老陈说，我们隐于茶！

隐于茶。

通向身心舒适的道路不止一条，对于我和老陈这一类人来说，茶是最直接快捷的那一条。

人类追求舒适的过程，以及各自想达到的心理满足的配置千差万别，经纬度的不同，季节的变换，性别的属性，舌尖的触觉，都可能让人产生许多怪诞的爱好和隐秘的私人饮食符号。

我对每天泡在普洱茶里的老陈说，你是一个怪人！老陈说，你才是怪人，你全身心都是怪人。

茶的境界确是无止境的。与任何引发私人体验的物事一样，茶，具有多面性——它是植物性的，它又不仅仅只是植物本身的多样性，它包含的过去、未来太过丰富长久，不是一部书能说得清楚的。像一个活了太久的人，不！是神，从存在起就不会死亡，前世今生，在眼前一晃，百年也就一瞬间。

人，在茶面前显得格外渺小。

因为茶，我和老陈各自的生活都更为充实，我们之间的友情得到进一步扩展，聊的话题无限延伸，午后一有空闲，我们便驱车到茶室，就为了分享各自得到的茶饼。泡茶的动作一遍遍重复着，茶器里的茶冲了一轮又一轮，各个山头的普洱茶换了一泡又一泡，我们用电磁炉煮水、用陶炉煮水、用火炭炉煮水，后来，我们还往炭炉里面撒了一把榄炭。再后来，我们又用蒸馏水、矿泉水，开了两小时的车到山上去装山泉水，回茶室来倒在陶罐里"养"水。"寒夜客来茶当酒，竹炉汤沸火初红"，在上一泡茶与下泡茶之间，时间仿佛被拉伸，有些东西正在茶烟之中复苏，我们的味蕾不断被唤醒、被抚慰，脑子里那些被岁月所麻木的神经被重新激活，焕发生机，蠢蠢欲动。

又一个春天到来了，生理年龄介于而立与不惑之间、心理年龄却接近知天命之年的老陈望向我，眼神里有一股前所未有的东西。他问："出发？"我答："出发！"

古人说，起止有定。我们不是古人，可以随意一些，出发有起点，但经停

第一章　一念
　　　　缘起

的目的地可以有各种可能性。假如要为出发找个终极目标的话，那我们的方向就是茶，以及与茶相关的各种物事。最好的茶旅行就是有各种变数，因为不确定所以让人对茶的想象空间更为广阔，对所能寻到、品到的茶充满了期待。

老陈深爱普洱，曾为此投入了大量的时间和金钱，我曾真心实意告诫他：爱一个茶种如爱一个人，深陷必受其所累。他不听我的，看他每年茶事安排以至日常行状简直就是用"绳命"在爱普洱茶。我博爱一些，除了普洱茶，我也爱绿茶、红茶、白茶、潮汕单丛茶……总之，我爱一切能令我味蕾满足、身心愉悦的茶。老陈很认真地说，此行专门走普洱线。既然他从来就不肯听我的，只好我听他的——谁让他对茶种比我专一，气场比我更加强势呢？

1. 飞向
茶区

在中国的植物版图上，"茶"这个字光芒四射，光波辐射到许多领域。"茶里乾坤大，壶中日月长。"对于嗜茶的人来说，手里握着一杯茶，就像握着人间乐事，此刻假如有人叹息"人间不值得"，茶人会跟他掏心掏肺地说，喝茶，喝了眼前这杯茶，许多心下有所执的事情就会变淡变远。

千万不要以为他是在糊弄你。

中国近代大茶人吴觉农就这样说过："饮茶是一种精神上的享受，是一种艺术，或是一种修身养性的手段。"这种对茶的认知不仅一直存在于一向有士大夫精神传统的中国，日本明治时期的思想家、美学家冈仓天心在《茶之书》（*The Book of Tea*，1906年）中早就提到同样的看法："本质上，茶道是一种对'不完美'的崇拜，是在众人皆知不可能完美的生命中，为了成就某种完美而进行的温柔试探。"

日本的茶道源于中国，对茶道的这种阐述非常有禅意。冈仓天心与同时期的铃木大拙一起，就在当时的日本社会掀起了"禅茶一味"的思想热潮。茶道，对他们来说，完全超越了饮品的概念，而变成生活艺术的一种信仰。

中国是世界上最早发现和利用茶叶的国家，也是茶树资源最为丰富的国家，中国人也是世界上最早食用茶叶的。《神农本草经》记下"神农尝百草，日遇七十二毒，得荼而解之"的传说，这里的荼就是茶。关于这个记载最接地气的说法是，神农氏在野外以釜锅煮水时，几片叶子飘入釜中，水色变微黄，喝入口中甘甜止渴、提神醒脑，神农氏因此判断它是一种药，继而推而广之。这也是有关中国饮茶起源最普遍的说法。

对此，英国人曾经有过异议，因为中国没有保留下世界最早的野生茶树，云南思茅地区镇沅县的茶树王，至今已经足足2700多年了，但英国人认为印度的茶王树更老。

"其实有茶树并不等同于开始食用茶叶！"

我们坐在前往茶区的飞机上侃大山，最后达成共识：茶是植物史，也是饮食史，茶，还是中外文化史，茶，更是世界经济发展史。

为了强调我的记忆力异于常人，我继续给陈生强行背书，言之凿凿地告诉他，武王伐纣时，陈蜀就用所产之茶作为贡品；《周礼·地官司徒》中明确记载，有24人负责祭祀"掌荼"这一差事；《晏子春秋》中也明确记载，"晏婴相齐景公"时，就吃过"茗菜"，所以现在喝茶也叫品茗；至于唐代陆羽的《茶经》，肯定是世界上第一部论茶的专著。

正背诵得很有感觉，转头一看，陈生已酣然入睡。

"世间绝品人难识，闲对茶经忆古人。"所幸临行时在行李箱的外口袋插了一本《茶经》，漫漫飞行途中，出生于唐玄宗开元年间的陆羽，此刻正好成为绝佳的虚拟旅伴。我思量着旅程时间这么长，决定认真把这书重读一遍。

1. 飞向
   茶区

《茶经》三卷十节，七千余字，"言茶之源、之法、之具"，《茶经·六之饮》指出：茶有采造、鉴别、用具、用火、择水、烤炙、碾末、烹煮、饮用"九难"，都因"天育万物、皆有至妙"，万物"皆精极之"。也就是从烤茶、选水、煮茗、列具到品饮，首次把饮茶上升为一个艺术形式。这部爱茶之人必读的《茶经》里所传达出的美学意境和高洁的精神氛围，让人产生超凡脱俗、飘飘欲仙的感觉。

陈生后来说，他小寐片刻后想要跟我聊聊此行要去的茶山，见我正用《茶经》覆腹，睡得口水都快流出来了。

人的一生，其实是相当奇妙的一件事，喜欢什么物事、遇到什么朋友，都充满着机缘。就如我和陈生，都是平时嗜茶的人，如果没有因茶与茶器结缘，然后延伸到出版与茶有关的书，后来又延伸到书外的各种相遇，我们可能此生都不会在一起喝茶聊天。更遑论一旦起了访山问茶的念想，便决定抛开日常忙乱的工作，用整个月的时间去访茶山。

我跟陈生说，人啊，做什么都要有决心，不过有了决心还要有出行条件，有了条件，还要有共同的节奏和时间，来做这一件疯狂的事，但其实将来会觉得这是这个年度干得最有意义的一件事情。

陈生说："最主要的原因，是我茶龄比你老，但实际比你年轻。"

"知道你比我年轻啦，老陈！"

"知道你也不老啦，小蔡！"

中国太大了。出发之前，老陈在地图上比画来比画去，指尖其实一直就在一个小小的区域间徘徊。我看他用指作画，一直在画着什么，好奇地伸头一

第一章　一念
　　　　缘起

看，原来他的指尖就是在云南地界那几个地方摩挲着。这些目的地与我对他的猜想是暗合的。

云南大茶山！我们来了！

1. 飞向
茶区

2. 南方
    有
    嘉木

《茶经》开篇第一句："茶者，南方之嘉木也……"

我国地域内种植"嘉木"的这个"南方"范围到底有多广，恐怕没有人能完全画出这张"茶"地图的全景绘画。中国茶种如此多样化，茶产区如此之多，覆盖面如此之广，说明了一个事实：茶，自古至今便是中国人生活的必需品，其分量等同于粮食。"开门七件事，柴米油盐酱醋茶。"从某个层面上来说，茶是比粮食内涵更为丰富的存在，因为我们相信，茶也是当下中国人发现自我，兼与他人沟通的一个重要媒介。

从北纬18度到37度、东经94度到122度之间，中国的大小茶区贯穿了中热带、边缘热带、南亚热带、中亚热带、北亚热带和暖温带，包括了浙江、湖南、湖北、安徽、四川、福建、云南、广东、广西、贵州、江苏、江西、陕西、河南、台湾、山东、西藏、甘肃、海南共19个地区上千个县市。从垂直分布来看，茶树最高可种植在海拔2600米的高地上，而最低距海平面仅几十米或百米。茶树种植的不同海拔高度决定了茶叶的禀性和品质，不同地区、不同高度，导致茶树的类型和品种差异性非常大，从而形成了我国复杂多样的茶类结构。

　　寻找一个茶产区，就像投奔一处中国人的精神家园。这一次，我们寻找的是普洱茶大产区。

　　陈生之前多次来过云南，我也来过云南多次。但像这次这样，带着纯粹寻茶访山的目的，叫上几个志同道合的伙伴，一步步走近，像要深度了解一个人一样去全方位多角度地了解普洱茶区的各个山头，却是第一遭。

　　云南是世界茶树起源的中心地带，是普洱茶和滇红茶的大产区。境内分布着五大茶区：

　　1、滇西茶区：临沧、保山、德宏。

　　2、滇南茶区：普洱、西双版纳、红河、文山。

　　3、滇中茶区：昆明、大理、楚雄、玉溪。

　　4、滇东北茶区：昭通、曲靖。

　　5、滇西北茶区：丽江、怒江、迪庆。

　　云南的普洱茶主要集中在滇西和滇南茶区。这两个茶区的普洱茶产量占全省的91.8%，滇中、滇东北和滇西北三个茶区的普洱茶产量仅占全省的8.2%。

　　来之前我其实瞒着陈生做了很多案头准备。之所以瞒着他，是我不想让他知道，无论记忆力多强悍的人，到了一定年龄，也会不由自主地退化了。以前读过的几乎能倒背如流的专业级茶书，现在我写文章需用到一些资料的时候，有时怎么想也想不起来确切的说法是什么。这个让我自己心里瘆得慌的秘密不能让陈生知道，要不他会向我投来同情的目光的。普洱茶界骨灰级玩家都说，

2. 南方
　　有
　　嘉木

一个月的时间要走遍茶区的主要山头，行程相对紧张。此行一定很考验人的精力体力，尤其是脚力。深研普洱茶的兄弟们说，那先飞到云南，然后江外古茶山主看贺开布朗一线，江内古茶山主看易武正山，再挤些时间去景迈看一看。

他们口中提到的江，当然就是澜沧江。"大江东去，浪淘尽，千古风流人物。"山河岁月，在历尽地壳迁徙的山山水水中，大江比起大山，总给人多了些悲壮雄浑的感觉。从空中俯瞰，云南的茶山匍匐在大地上，依然保持着郁郁苍苍的面貌。澜沧江流经西双版纳，像一条隔离带，把东西两片分成两个气质相似但五官不同的地貌，大江走向又像自北向南拉了一条长长的拉链，当然没有人能把这拉开了的拉链合上。每次在空中看到大河走势，我这疑似强迫症患者总想着，如果着装时拉链这么扭曲，衣冠肯定不整。但是江山长久，人世缥缈，大江依然按照自己的性情在大地上蜿蜒而过，手脚十分舒展。看江的人一代又一代，早就不知经了多少朝代了。

我们一行先抵达昆明，再转机前往西双版纳。在进入西双版纳境内时，从飞机上往下望去，只见土地被划分成一块一块的长方形格子，每格方块上面又很规整地划着一条一条横沟，深褐色，像一排国产巧克力。同行团队中的师兄陈达舜问我："知道是什么吗？"

"不晓得。"

"是这里种菜的大棚。"

"我还以为是云南境内密布的茶厂间呢。"

正浮想联翩之际，老陈发出低沉而欣然的声音："到了！"

此时，我脑海中突然清晰地浮现起这么一段话：

第一章　一念
　　　　缘起

"江水以东，无量山余脉中有易武、倚邦、蛮砖、莽枝、革登、攸乐六大古茶山，清代改土归流归中央政府派驻官员管理的普洱府，进而名重天下。江水以西，民国时仍归西双版纳州前身车里宣慰司自行管辖，横断山余脉中南糯、勐宋、帕沙、贺开、布朗、巴达、曼糯、小勐宋、景迈九大茶山迤逦展开，其中景迈古茶山又被称作为嫁妆赠送给孟连土司，如今归属思茅地区。两山夹江，构成中国最核心的普洱产区。普洱圈又常把江内茶区统称勐海，江外茶区统称易武，大致是勐海刚烈，易武柔和。"（摘自《茶之路·云南篇》）

亲近茶区最好的时间节点就是我们出行的这个时候，一年中的清明时节。中国的二十四节气记载着大自然的脉搏和律动，明前雨后，也就是清明前谷雨后，此时，天地间充溢着丰沛的水汽，春风如佳人柔黄，复如佳人面纱，掠过万物，拂得人心瘙痒。我把春风当美女，宋代大文豪苏东坡写过一首《次韵曹辅寄壑源试焙新芽》，则是把佳茗比拟为佳人：

"仙山灵草湿行云，洗遍香肌粉未匀。明月来投玉川子，清风吹破武林春。要知冰雪心肠好，不是膏油首面新。戏作小诗君一笑，从来佳茗似佳人。"

东坡先生是古代大文豪，我只不过是现代一嗜茶小女子，当然是他的比拟以绝对优势胜出。

"东坡先生，好像没有深入过云南各个茶山头，要不肯定会留下一堆优美的诗句流传千古。"我说。

2. 南方
   有
   嘉木

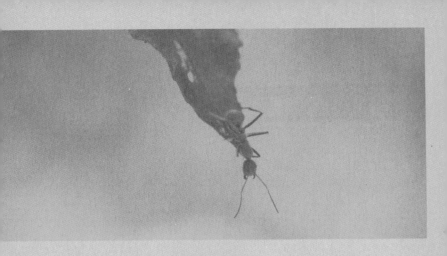

茶区
深度探寻

1.

自带
历史感
的
勐海

2.

春到
贺开古茶园

3.

老班章
是个
神奇的村

4.

易武，
茶马古道
的
发源地

5.

走近
麻黑村、
落水洞、
刮风寨

6.

景迈
茶山
印象

古时候文人在诗中表达自己的旅游观点："烟花三月下扬州。"江南三月，寄情山水，放逸人生，逍遥自在，这是文人生活。嗜茶的人不理这些诗情画意，"茶香四月进云南"，好茶才是他们的诗情和画意，四月份的云南有着茶痴最执着的念想。

"彩云之南，有一片美丽的乐土。乐土之上，有一片神奇的叶子，她是大自然赋予人类的宝贵财富，伴着茶马古道上的马铃声，走向世界……"

云南茶山，千百年来蚕卧于国境西南，地域和人文的独特性，让这片土地笼罩着一层原始而神秘的面纱。许多普洱茶友，未曾亲自踏勘过这片神奇的土地，却经常会在各种茶叶包装上，先认识到"麻黑"、"刮风寨"、"弯弓"、"昔归"、"落水洞"、"薄荷塘"等许多和普洱产地有关的奇怪名字。

普洱茶属黑茶，也叫边销茶，是以云南大叶种晒青毛茶为原料制作的。根据不同产区原料的特点，云南三大茶产区是西双版纳、普洱和临沧。目前普洱茶95%的原料就来自这三个茶山区。

我们首先选择到西双版纳的勐海去。

西双版纳，许多以旅游为目的的人也会去的地方。假如从历史概念上来认识西双版纳，西双版纳有一个旧称，曰"车里"。道光时期的《云南志·地理志》上是这样说明的："周成王时，越裳氏来朝，周公作指南车导之归，故名车里。"

这个位于云南省最南端的民族自治州，西汉时属益州郡，东汉时改属永昌郡，唐宋时属南诏蒙氏和大理国段氏政权之"银生节度"。南宋绍兴三十年（公元1160年），傣族首领帕雅真统一各部落，建立景陇王国。元朝大理被灭国，西双版纳进入土司统领时代。民国时期，西双版纳又隶属普思沿边行政总局，后改设县治。

无论朝代如何更迭，这个旧称车里的地方，土司制度却岿然不变。元明两代中央王朝册封的世袭"车里宣慰使"的刀氏土司，一共传了41代，土司制度在这块土地上有着非常漫长的历史。

1949年之后，西双版纳实行过县治，也实行过民族区域自治。1973年之后，西双版纳正式恢复傣族自治州建制。

西双版纳在古代傣语中是"勐巴拉那西"，意思是"神奇而理想的乐土"。它是地球北回归线上罕见的一块绿洲，境内覆盖着成片的热带雨林，素有 "植物基因库"、"药材之乡"之誉，更是世界茶树的原产地，是普洱茶的故乡。西双版纳境内现存8万多亩百年以上的古茶园——这也是当地各族长期栽培，利用茶树的活见证。

西双版纳产茶的记载，始见于唐代。据樊绰《云南志》记载："茶，出银生城界诸山，散收无采造法。蒙舍蛮以椒、姜、桂和烹而饮之。"所谓银生城，即南诏所设"（开南）银生节度区域"，在今景东、景谷以南之地。产茶的"银生城界诸山"在开南节度辖界内，也就是在当时受着南诏统治的西双版纳产茶地区。

从这段记载中可看出：1200年以前，西双版纳的茶叶便行销整个洱海地区。

探究普洱茶史的着眼点仿佛就在眼前的山路上，我们的车紧贴着南糯山山道，朝着西双版纳勐海茶区腹地蜿蜒而进。

1. 自带历史感的勐海

勐海是茶马古道上的一座边境小城，与缅甸接壤，因茶而名扬四方。

每个地方的人文都自带识别符号。在云南但凡带有"勐"字的名词，几乎都与傣族有关。"勐"是坝子，即人聚居的地方，"海"是勇敢、厉害的意思。傣语的语境里，勐海，就是勇敢者或厉害角色所居住的地方。

如何对一个地方形成一个准确的初步印象，除了地名蕴含的信息，看区域地形图往往是一种更直观的方式。打开勐海地图，勐海的地理坐标是北纬21°28′至22°28′，东经99°56′至100°41′，那条地域分界线，就像一个调皮的小孩子用圈线笔画的一个大芒果——从地域环境和视觉心理来说，这里应是西双版纳高原地区一个充满热带民族风情与味道的茶产区。

勐海县地处横断山系纵谷区南段，怒江山脉向南延伸的余脉部。境内地势四周高峻，中部平缓，山峰、丘陵、平坝相互交错。地势西北高、东南低，四周高峻，中部平缓。最高点在县境东部勐宋乡的滑竹梁子主峰，海拔2429米，属州内第一高峰。最低点为县境西南的南桔河与南览河交汇处，海拔535米。天然的地质构造使勐海成了境内海拔高度相差极大的地方，这里早晚气候温差大，但全年无冬，气候温差小，是一个名副其实的春城，也是云南当地热带雨林气候中的异数。

勐海雨季雨量充沛、旱季露浓雾重。这是由于这里大部分地区处在南亚热带季风气候区，少部分属于中亚热带季风气候区和热带季风气候区。境内广布酸性土壤，表层腐殖质深厚，这些条件非常有利于茶树单宁酸和芳香酸的积聚和保存，勐海因而也成为优良茶品的天堂。

进入勐海，仿佛进入一条普洱茶叶史的历史栈道——这也是我们首先抵达勐海的目的。了解一个茶种类，必须先知道它的来龙，才有可能感知它的去脉。

我们不妨以时间为序来看勐海这个自带岁月光芒的茶之都：

公元225年农历七月二十三日诸葛亮南征后，传说派兵在勐海南糯山植茶，许多普洱茶研究专家认为这可以看作是普洱茶史话的开篇；檀萃在其所著之书《滇海虞衡志》中称："茶山有茶王树，较五茶山独大，本武侯遗种，至今夷民祀之。"这段文字，把勐海种茶史的起源点标定在公元225年，也就是1700多年前。

茶叶是绿色黄金，从唐代开始，生活在这块土地上的先民，便依靠茶叶来谋取生计，摘山之利，延续至今。据傣族贝叶经卷中的《游世绿叶经》记述，唐代南诏时期，佛祖传授当地的傣族人民吃"烤茶"和"茶水泡饭"。雍正到光绪年间的文献里时有记载有关当地人"赖茶而活"的生存状况。

民国年间，勐海取代了传统的普洱茶交易地普洱，成为普洱茶新的交易中心。来自江西、四川、西藏、缅甸乃至印度的各路商人，纷纷在这里上岸，

1. 自带
   历史感
   的
   勐海

然后把普洱茶卖到更为遥远的地方。李拂一先生在《佛海茶业概况》中指出："佛海产茶数量，在近今十二版纳各县区，为数最多，堪首屈一指。同时东有车里供给，西有南峤供给，北有宁江供给。自制造厂商纷纷移佛海设厂，加以输出便利关系，于是佛海一地，俨然成为十二版纳之茶业中心。"文中所说的佛海，就是勐海。当时佛海一带烟瘴恶劣，无人前来开发，这条茶路完全是佛海茶商一步一个脚印往外开拓出的。

1938年，勐海茶叶产量高达4.3万担，从石屏商人张堂阶办恒春茶庄开始，勐海逐渐涌现了洪盛祥、恒盛公、大同、复兴、利利、新民、鼎兴、云生祥和时利和等二十多家茶庄。随着当时云南省财政厅和中国茶叶公司在勐海设厂制茶，勐海的茶叶制造业在1938年这一年达到了巅峰。1940年，勐海年产成品茶中，紧茶达到3.5万担，圆茶达到了7000担。今日散落于世界各地的普洱极品陈茶，据邓时海先生搜录，竟有11个品种出自勐海，可见当年勐海茶业之风云气象。

1951年7月，云南省在南糯山设立"云南省农林厅佛海茶叶试验场"，即云南省农业科学院茶叶研究所的前身。从某种意义上讲，这确立了勐海作为云南茶叶生产中心的地位。

1965年，由茶科所创办的茶叶学校，面向云南全省招生，为云南培养了一大批中等茶叶技术人员。

1984年，云南省茶科所、勐海茶叶局、勐海茶厂开办茶叶职业培训班，培养出了一批目前活跃在勐海茶业线上的骨干。

1998年，勐海产茶6909吨，名列云南全省第一。

第二章　茶区
　　　　深度探寻

1999年，勐海产茶125644担，又是云南第一。

设在省茶科所内的，迄今中国规模最大的"国家级茶树种质资源圃"占地30亩，保存着野生型、栽培型、山茶科近缘植物810多种，其中有一批是濒临灭绝的资源。全世界至今发现的茶组植物为40种，而中国占39种，其中云南又占33种，且33种中有25种为云南独有。

……

时间的长度拉长了勐海的茶史线，漫长的岁月也让勐海沉淀出一份从容大度的光华。茶叶有价，而时间无价，时间让勐海这个地名拥有了独特的内涵以及价值。得天独厚的古茶山资源，优胜劣汰的制茶工艺和商业机会，天时、地利、人和，最终使得勐海茶业、茶市在普洱茶史上成为一个强势的存在，而且底蕴深厚。

我们到达勐海的时候，当地正举行盛大的泼水节。汽车经过大街小巷，见许多当地人载着水桶，拿着水瓢，满大街找人泼水。司机告诉我们，这一天刚好是农历三月三，是傣族的新年，相当于汉族的春节，西双版纳全城大放假，以泼水的民族习俗迎接新年的到来。

傣族是一个非常崇拜水的民族，对水的崇拜几乎普及到生活的方方面面。爱水这个习性应该跟地域有关。明景泰年间出版的《云南图经志书》说："澜沧江'多石，不可行舟，夏秋潦涨，饮者辄瘴疬，惟百夷男女，四时浴于其中'。"澜沧江沿岸气候炎热，潮湿多雨，瘴气很重，对于许多族群来说，这样的环境对生存都是一个考验。傣族人民找到的适应环境的奥秘，就是亲近水源，用水滋养身心，对抗瘴气，于是很好地适应了原生环境。

1. 自带
   历史感
   的
   勐海

中国大地上，有一个地域与傣族人生存生活的环境有点相似，就是素有"蛮夷之地"之称的潮汕地区。同样是潮湿多雨瘴气重，傣族被视为世界上最先学会饮茶的民族之一，而潮汕人则把茶叶称为"茶米"，把茶上升到与粮食同样重要的位置，工夫茶须臾不离身边。从水到茶，以茶为药，傣族人和潮汕人，通过茶的应用，把水从生活层面升华到另一个领域。

勐海是一个边城，但我们行走在勐海街上，却一点也不觉得陌生。尽管村头寨尾正举办色彩缤纷、富有傣家风情的庆祝傣历新年活动，但我们也可以感受到内陆文化对当地强劲的影响力，从衣着服饰、饮食习惯、生活方式以及语言环境等方面，处处可看到这个地方对其他地方文化的包容性。还有一个现象既在意料之外又在意料之中，我们发现，勐海当下茶业制售的精英们，几乎都是来自全国各地的商界精英，这令处在西双版纳与东南亚沟通枢纽位置上的勐海，更具包容性和立体性，虽地处边陲却能随机应变，领时代之先。

南宋李石《续博物志》记载："西蕃之用普茶，已自唐朝。"这个经常在电视剧中出现的神秘的"西蕃"，指的是居住在康藏地区的兄弟民族，而这里提到的"普茶"也就是普洱茶。这段记录直接指出，唐朝时候就已开始品饮普洱茶了。普洱茶作为中国现存各种茶品中，唯一继承了唐宋遗韵的茶种，犹如云南丽江的纳西古乐一样，保留着唐宋艺术的精髓。

而作为普洱茶贸易中心的勐海，处在时光的变幻中，像一杯越陈越香的茶，把千年来经过时间沉淀留下来的普洱茶韵，浸透在当地山前屋后的一草一木上，老百姓的一言一行中。

第二章　茶区
　　　　深度探寻

2. 春到
贺开古茶园

贺开，拉祜山寨原生态古茶园，世界茶源之一。它，也是西双版纳迄今保存较好、连片面积最大、最具观赏价值的古老茶山之一；更难能可贵的是，它至今保持着普洱茶类最原始的古法制茶方式。

出发去云南之前，我们做足了茶山行详细规划：江外古茶山主看贺开布朗一线，江内古茶山主看易武正山，再挤些时间去景迈看一看。

贺开古茶园，是我们此行必访之地。

贺开古茶园，位于西双版纳勐海县勐混镇贺开村委会东南面，有古茶树面积约13000亩——这个规模，其他茶山头无可比肩。古茶树覆盖了曼迈、曼弄老寨、曼弄新寨、曼囡、帮盆新寨、帮盆老寨等拉祜族聚居山寨，其中曼迈、曼弄老寨、曼弄新寨、曼囡4个村小组的古茶树集中连片面积约11000亩，帮盆新寨、帮盆老寨集中连片面积约2000亩。

贺开古茶园海拔在1400～1800米之间，放眼望去，山峦连绵起伏，云雾终日缭绕。古茶园所在山体平均坡度在30度以上，占地面积约1万余亩，都生长着几百上千年的普洱茶古茶树。

人是大自然的一部分，世代传承下，原住民仿佛也成了古茶山的一个组成部分。拉祜族在贺开古茶山里已生活了20多代，世代以茶为生，与茶树相依相伴，而且就像与世隔绝一般，拉祜族目前还保持着人与茶树和谐共存的原始生活状态。

这里每一个山头的土壤都十分肥沃，充分的日照与雨水造就了茶山丰富的植被。山路两旁林木茂盛，生长着水冬瓜树、红毛树、花皮树等杂木树和飞机草等多种植物。古老的拉祜族木楼掩映在茂盛葱绿的古茶园中，很多古茶树就生长于房前屋后，山鸡和冬瓜猪在古老的茶树下闲闲地漫步，享受着这古茶园提供的天然嫩草、小虫和不知名的小花，吃饱喝足之后，在古茶园里随意地拉屎撒尿，自由自在，酣畅淋漓——这贺开古茶园天然就形成了原生态的共生链，不需要施放任何化肥农药，土质就非常肥沃，也无虫害。

为了有更多的时间亲近这座名闻遐迩的古茶园，我们大清早就到达山上。蓝天白云古树绿草，一切浑然天成。走近几百年的老茶树，用单反的长焦拉近视角，发现被围在保护栏内的一棵棵古茶树，枝干上覆盖着一层薄薄的苔藓，晨露还未散尽，缓缓滋养着老枝与青苔。枝桠处可瞥见各种小动物活动的痕迹，阳光打在树桠的蛛网上，经纬纵横，丝缕毕现，好像一个微观的世界。树下各处附生着蕨类、兰花等植物，还有好似一不小心就会踩到猪粪的既视感。随行的摄影师说，天气太热了，好想现在天边的云彩能够变成雨。我想，如果此时下雨，会不会把我们爬山的汗水和这些猪粪鸡粪一起，伴着雨水浇灌在这古茶园的土地上，沁湿这里的每一棵古茶树，让我们也为这古茶园做一点贡献。

2.　春到
　　贺开古茶园

独特的自然资源和优越的自然条件，天然立体的动植物生态链，使得贺开古茶园的茶树普遍发芽密，芽叶色泽黄绿，茸毛多，平均一芽三叶，长五六厘米。茶园里现有的茶树，大多树龄达800年左右。据村民介绍，海拔1600米的曼弄新寨、曼弄老寨交界处生长着10多株大茶树，当地人称之为"茶王"的最大一株栽培型古茶树，树龄达1400多年，基部围粗2.12米，最大干围1.72米，树高3.8米，自基部0.55米处有5叉分枝，树冠直径7.3米，树幅7.3米×6.55米。

拉祜族经历了20代人的手工制茶工艺传承，制茶工艺堪称炉火纯青。贺开古茶树条索肥壮，芽毫尽显，村民选用一芽一叶和一芽二叶春茶制作，制成后条索清晰，干茶清香甘甜。曼弄老寨的拉祜族茶农，全程以手工杀青、揉捻、日光晒青的制法方式，最大限度保存了茶叶中的物质，确保了老树茶醇厚饱满的滋味和最大的后期转化空间。

茶界熟知，品茶，不只品茶香是否舌底生津，回甘良好，更注重茶的韵味深长、茶气充盈。贺开古茶具有"白毫显著，芽尖厚亮，香高馥郁，滋味浓厚"的特点，所泡茶汤汤色金黄明亮，香气高纯，有轻微兰香感，且回甘快而持久；水性顺而饱满，茶气醇厚、层次丰富，杯底香高而持久，耐泡度高，内含物质丰富。层次如此复杂多重的贺开茶，对于新老茶客来说，都是难得的味觉和嗅觉上的奢华享受。

此行团队中的一位普洱资深茶迷这样形容喝到的贺开古树茶："前几泡只觉茶汤清甜、甘润，冲了五六泡之后，茶汤变得凛冽、霸气，苍劲有力。独特的山野花韵一点点浮现，贺开茶特有的柔甜花香停留在口腔之中，强劲的茶气让人回味无穷，清新脱俗而又韵味苍茫，有如在深山追溯溪流，忽然间就站在一幅瀑布面前，又如看到一幅水墨山水画。"

另外一位则说："品饮这贺开古树茶，最爱它的先柔后刚，劲道十足，茶气悠长，山野花韵，沉郁而幽深。这茶刚柔相济，生生不息，有如太极八卦图。"

品茶品出山川日月、花繁锦簇，品出水墨意象、人生况味，品出世道轮回、玄学境界，这是中国式的审美和茶文化。

离开贺开古茶园的时候，我们了解到一个严峻的事实，当下贺开古茶园生态环境正面临着外力介入造成的严峻压力。曾经，贺开古茶园因山高路险，以及拉祜族延续至今的原始生活方式，逃过了古树矮化的劫难，从而得以保存下珍贵的古树连片的原始古茶园。随着时光的流逝，古树茶的价值越来越凸显，受到茶客的追捧，古树茶叶价格逐年看涨。利益驱动之下，山内自己采择初制的茶农越来越多；而随着进入茶园的各种人群增多，甚至有的开发商围山造园建景点，对茶山过度开采和索取，无形之中对这里的原始生态链造成破坏。

每一棵古茶树都是大自然赐予人类的无价之宝，失去一棵便是一棵，古茶树与时光一样不可能倒流重现。贺开茶山里的古树群，沐浴了千年的风霜雨雪，一直禅坐一般幽居在山里，才迎来了这属于它的时代。当下，贺开古茶园，如何保持它的原生态？如何让我们的后代子孙，仍然可以喝到唐宋时期的古人在这茶山上种下的茶？

2. 春到
贺开古茶园

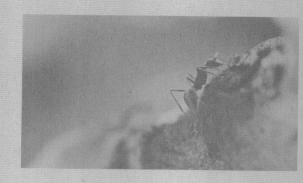

3. 老班章
是个
神奇的村

从勐海到老班章，车程大约需要两小时左右。前一小时仿佛行驶在中国乡村特有的水彩画图中。道路两旁一片连一片的水稻田葱青嫩绿，远处有灰蓝色调的连袂山岚。傣族人耕种的田地，与平原地区一样，精耕细作，田垄整齐划一。色块连着色块，一眼望去，像大自然一个巨大的粉彩调色碟。后一小时，便是山道了。进山之后，道路由水泥路转变为砾石路，崎岖不平，蜿蜒盘旋，汽车座椅立即变成了按摩椅和摇摆椅。

"险、峻、弯、陡、颠、灰"，有人这样概括布朗山路的特点。作为布朗山乡的一个村寨，班章也不例外。

一路颠簸到达老班章，迎接我们的是竖立在村口左侧广告牌上面印着的全村村民的笑脸，还有村里饭店首先端上来的一盘老班章茶叶炒蛋。

因为正是春茶采摘制作季，村头村尾大院望进去，见到的都是一番繁忙景象。站到高处看村貌，这里有如一个崛起的新农村，和内陆许多小城镇一样，村里到处都在自建新楼房。能看出此地是云南地界的，大概只有院前屋后的墙壁上，挂生着各种颜色的石斛，花开得无比鲜艳、灿烂，像正在宅基地中和狗儿追逐玩耍的班章儿童的笑脸。还有在大坡度的村道上如风一样行走的哈尼族姑娘，她们在山道上行走的时候看上去干练结实，但在院子里坐下来择茶的手势，却如平原地区的女子绣花那般，穿针引线，巧手如飞。

饭饱茶足，我们此行团队十多人，纷纷回到老班章村的大门前，在络绎不绝的游客及上山收茶的茶商中间，见缝插针，扬着各自晒得发红发烫的脸，和老班章大门合个影。

对茶界而言，老班章，虽只是云南西双版纳勐海县东南部一个小得不能再小的寨子，但因盛产茶气霸道、回甘强烈的普洱茶而名闻天下，更是普洱茶的一块圣地，让人爱慕，以至膜拜。它，是普洱山头茶的一个高峰。假如要用一个匹配的比喻来形容老班章在众多普洱茶产区的地位，那就是葡萄酒的产地波尔多——代表的是产区的巅峰。

要了解老班章为何如此受人追捧，必须了解它的历史与当下。

"班章"二字源自傣语"巴渣"，意为"一条鱼"、"能养活鱼的地方"、"桂花飘香的地方"或"山脊"。汉语音译为"班章"。

布朗山乡包括班章、老曼峨、曼新龙等村寨，其中，最古老的老曼峨寨子已有1400年历史。布朗族是百濮的后裔，他们世世代代生活在布朗山，是世界上最早栽培、制作和饮用茶叶的民族。专家将班章的建寨年份确定为公元1476年。据传在那一年，老班章村的哈尼族先祖——爱伲人，自毗邻的格朗和山迁徙至此。慷慨的老曼峨寨布朗族先人，应到来的爱伲人请求，将老班章村周边的山地、林木、田坝及已有数百年树龄的漫山遍野的大树茶一并出让给客居的爱伲人，为此老班章爱伲人自建寨直至20世纪90代末，岁岁年年向老

3. 老班章
是个
神奇的村

曼峨寨奉献谷种及牲畜，以示世代不忘布朗族的恩典。

　　1800年前后及1950年左右，老班章村因人丁兴旺，先后经历两次人口迁出，其中60年前搬离的人群移居距老班章村一山之隔约20余公里处生活，为区别于迁出地故取名"新班章"，称老寨为"老班章"。

　　老班章现有一百多户人家，杨姓、李姓、高姓为主，村寨的海拔1600米至1900米，年平均气温18.7℃，年均日照2088小时，年均降雨量1341～1540毫米。雾多是布朗山的特点，平均每年雾日107.5～160.2天。每年的11月份到来年的3月，老班章的古茶园从夜晚至清晨都在浓雾的笼罩之下，古茶园分布在森林中，土壤为落叶和沙壤混合，生态良好。所产的茶叶，滋味厚重、浓烈、霸道，初饮如伟岸的汉子，风骨刚健，气势雄浑，回味则有刚中有柔、强中有媚的风情。老班章正山古树春茶饼，白毫显著，叶芽肥壮，但产量非常少。

　　老班章是云南古茶山古茶树保留得最多的地区之一。老班章现有多少棵大叶种古茶树？据老班章村民小组统计，当前老班章现有100年以上的古茶树78555棵，200年以上的70886棵，500年以上的37076棵，800年以上的9412棵。

　　班章古树茶以前身价很低。2000年，勐海茶厂收购班章一级茶菁的价格为每公斤8元钱，当时主要是嫌它的茶芽过于硕大，且色彩也不理想，所以收购价格比外边的茶还低。2001年，每公斤涨到11元至12元，但勐海茶厂只收了一部分就停止收购。2002年，云南当地政府修通了老班章村通往外界的乡村路，结束了千百年来老班章村与世隔绝的历史。自此秘藏深山千年、具有独特品质的老班章茶渐为外界所认知，价值渐显。有茶人称赞老班章茶是普洱茶的王中之王，是最优质的普洱茶原料。2002年这一年，老班章茶每公斤突然涨到80元至120元，而外面古树茶每公斤才几十元。

整个班章茶区有栽培型古树上千亩，真正的老班章村寨内古树产量约为10吨左右，台地、小树在2007年后大量种植，2013年后产量稳定。据估计，2014年以来整个老班章干茶茶叶年产量在50吨左右，产值可想而知。

老班章茶出名之后，为了防止乡民种茶过度扩张，当时，很有远见的老班章村委会集体商议后，按人头将茶山承包给每户村民，要求全村所有茶树不准施肥、打药，以保证茶叶品质。如果发现谁家违规，村委会将给予重罚。村门口以及通往老班章寨子的4条公路上设立哨卡，每个路口安排两个人，由每家每户派人轮流值守，严格检查过往车辆。目的只有一个：班章茶只许拉出去，不许拉进来！防止非本村村民以非本地茶叶冒充图利。老班章村靠近金三角地区，村民每年都要接受尿检，以防有村民沾染毒品，若被发现沾染毒品，村委会会没收其名下的所有茶树。由于老班章寨子在全省率先实施班章茶的"原产地保护"，产量少、品质优异的班章茶叶，2005年每公斤鲜叶价在120元至180元；2006年每公斤180元至400元；2007年春茶，每公斤突然飙升为800元至1500元！ 2014年每公斤鲜叶平均价格在5000元左右，然后逐年攀升。听闻，今年高品质的古树茶菁，每公斤价格上万元。

"这个月客人来得最多，很多车直接开到寨子里来收茶，清明前后寨子里各家各户都在采茶、制茶、卖茶，我们家也是。四月份大概能收入个几十万元。"跟我们说这话的这位村里老人，一只手抱着一支水烟筒，另一只手腕上

3. 老班章
   是个
   神奇的村

戴着一块时尚的运动版机械手表。

　　千百年来，老班章像中国无数偏僻的小山村一样，清贫而寂寞，像被整个世界遗忘般偏处于云南边远一隅。村民靠山吃山，坚韧而平静地生活了一代又一代。缓缓流逝的时间长河中，不知是谁，更不知被谁指引着揭开了老班章这碗老陈茶的茶盖子，盖子一掀开，立刻茶香四溢，散发出不可抗拒的魔力。老班章茶叶条索粗壮，叶片肥厚，芽头大，显毫且茸毛多。当打开包裹在陈年老班章茶饼上的那层薄薄的棉纸时，一股富有山野气息的木香味悠然飘出，用蒸馏水泡老班章，晶莹剔透的茶汤有香气挂杯，木香、蜜香、兰香，还有很难描述清楚的山韵袭鼻而来。老班章这片土壤明显是一个神奇的调香师，才能调制出这天然的茶叶香气——这茶香既野性妩媚，又那么孔武有力，让老茶客沉醉玩味，难以自拔。

　　短短数年间，老班章茶叶价格翻了数十倍，这个原来非常原始的村子连社会发展的过渡期都省略了，一步就踩进高速运转的现代经济节拍之中——村寨与之相依存了上千年的古茶山，像被某只巨臂擎着的聚光灯突然探照到一样，令整个茶界为之聚焦、瞩目。村民由赤贫变成巨富，普通人家的积蓄从原来几十元变成几十万进而几百万元，他们用本地土话和纷至沓来的操各种口音的人就能聊着班章和班章茶，小小班章村成了一个经济中心点。

　　我们漫步在老班章的乡间，观察着这个只靠茶山所赐的一片片黄金叶便可以发家致富的"土豪"村。村民劳作如常，摘茶、晒青、揉捻、焙茶、择茶，老人们步履轻健，上下山坡如履平地，街上随意溜达的山猪和土鸡，在茶灶前忙碌的少数民族妇女，放学时分在巷子里乱窜的小孩，懒洋洋躺在灶下的土狗……即使袋子里的钱成倍增长，少数民族仍然过着和往常一样的日子，自己种的粮食和蔬菜，自己耕织的棉布，养鸡吃蛋、养猪吃肉，甚至男人们吸的烟草都还是自己揉捻的。对当下的生活大家已经超过所求，除了建房子之外，似乎也不需要什么大的开支。屋前卖茶，屋后过的还是庸常的日子。对于老班章村的男人来说，卖完茶，晚上招上几个人，喝喝小酒，聊聊茶山、茶山上的树况和今年的风水，就是精神生活。他们的人生镶嵌进深深的泥土中，穿插在茂密的山林中。

但老班章也日益被这片树叶所改变，这个村寨的原有格局正随着村里大量年轻人的回归，开始发生快速的变化。原来老班章用以维系日常秩序的仍是哈尼族的道德纲常，但现在传统的身影正渐行渐远，这村庄已经出现现代化管理的模样。

这种变化的走向，最后会是让人欣喜，还是让人失落？

3. 老班章
是个
神奇的村

4. 易武，茶马古道的发源地

易武来自傣语。易，指女性；武，指蛇。

易武，连在一起即"美女蛇"，意译即是指美女蛇居住的地方。

傍晚时分我们从勐海出发，途中在哈尼族人开的饭店停下来吃晚餐，然后一路颠簸了五个钟头，深夜时分车子才抵达易武。

这夜刚好是农历三月十五，月很圆，清澈的月光洒在眼前的易武老街上，月光如水，青石板缝隙青苔滋染，路面斑斑驳驳，仿佛是几百年前马帮驮茶经过的蹄印点点，有一股苍茫岁月的沉静……怎么也很难将易武镇和妩媚妖野的美女蛇联系在一起。

于是我上"百度"了解了一下，原来传说在易武街的附近有个叫"坛武莱"的石洞，里面藏了四个美女，其中的三个是公主，另一个是亦人亦蛇的花蛇——美女蛇，后来猎人杀了花蛇，放了三位公主，并娶了其中的一位公主，从此过上幸福美满的生活。

隔天一大清早，整个出行团队估计还在酣睡之中——昨夜陈生也就是陈镜顺这个"老家伙"，带着一帮兄弟在镇上的烧烤摊喝啤酒吃肉串闹腾了半夜。

我掀开窗帘见窗外晨曦初现，便一个人出了这家在当地算很好、但其实十分简陋的旅社的门，顺着易武老街往茶马古道的方向寻去。

易武过去曾经是镇越县城所在地，但作为一个边城，镇里左右不过几十户人家，各家的世系彼此都熟络于心，近邻多是族亲。如今易武有着新盖的商店、旅社、药品连锁店、生活馆、贡茶院……新建好的带有民族特有装饰风格的楼房掩映在绿树之中，易武已成了一座崭新的边陲小镇。

眼前这个外观看似不起眼的小镇，历史上却是滇藏茶马古道的源头和重要的驿站、著名的商埠。史载易武古镇建于东汉永平十二年（公元69年），至今已有1900多年的历史。"茶马古道"，即古代的"茶马互市"，因"互市"而有了"道"，所以说茶马古道是因茶而盛，为马而生。易武这个茶马古道上的重镇，受马帮文化的影响深远。

小镇作为云南进藏的起点，往来易武的各地马帮，在街天（赶集日）前一天就陆陆续续聚集到古街投店住宿。在镇上休息过后，第二天便赶着马队，踏着青砖，出了寨门。古六大茶山的一代代茶人，就是以易武为起点出发，然后往外一路披荆斩棘、励精图治。

云南的各个角落，至今还流传着马店（旅馆）和马帮的各种传奇。它是古六大茶山扬名天下、走向鼎盛时期的历史见证。易武古镇里的民居、清代庙宇建筑、石碑、石雕、清光绪皇帝钦赐的大匾，还有题于"坛武莱"石洞里的壁诗等，无不表明：这里是汉族人民从农耕文明向商业文明过渡的活标本，是我国最早对外开放的城镇之一。后世大名鼎鼎的商号宋聘号、同兴号、同庆号、福元昌号、杨聘号等都起源于这里。

4. 易武，
   茶马古道
   的
   发源地

易武老街通往茶马古道的路面略有坡度，青石板路被清晨的露珠打湿，显得光滑滑、锃锃亮。眼前的石头路是当年茶马古道的必经之地，古道两旁，有几座百年老屋，是那种垫有石礅的木质穿斗间架的重檐阁楼式土基墙四合院，但已是破破落落，灰砖土角裸露，残垣断壁、灰瓦斑藓。沿着斜坡走至易武小学，校门口的四方广场在过去叫"天井"，当年马帮在此聚集，现在路面是水泥地，已被踩得坑坑洼洼。而传说中此地曾有的11条总长2440米的青石板路，如今也就剩下一两条小道。

站在这易武老街的尽头、茶马古道的起点，令人骤然生发出历史钩沉之心，回首沧桑岁月之意。茶马古道起点上那几棵繁茂依旧的大青树，露着虬结的根，像一位活了几百年的老人，静静地看着脚下的这片土地，以及那几块后人在上面镌刻着普洱茶史印记的碑石。朝阳初升，阳光刚好斜照在铜铸的马帮雕塑群上，这就是茶马古道的前世今生。我来回踱步，用自己的脚步一寸寸去丈量它，想象着当年那一队又一队来自各山各寨的马帮，披星戴月、人喧马嘶，从这里出发，向着远方长途跋涉……

普洱茶业界有一种说法：易武，是普洱茶的起点，也是普洱茶的终点。甚至有人说："没品过易武茶的茶人，没资格谈普洱茶。"易武有过辉煌，也曾经沉寂。行走在易武长街，在百年福元昌老宅喝过一泡又一泡的易武老树茶，我寻思着，是不是易武的地理和历史，以及特有的人文，赋予了易武茶甜柔中带着刚烈的禀性？

老陈，也就是陈镜顺说："一切要从几百年前的贡茶时期说起……"

易武茶史非常悠久，唐代就有布朗族、佤族、哈尼族等在此种茶的记载。

第二章　茶区
　　　　深度探寻

明朝末年，江西和石屏的汉人开始进入易武，贩卖茶叶和土特产。易武各寨村民原来自制自用的小范围流通的茶叶，被马帮一驮一驮驮出来，经滇藏运往东北各个驿站，驿站与驿站之间由点拉成长线，一路运往京城。有记载称："易武茶，被作为贡品运往京城，代表了东方帝国最高的品位。易武茶，被运往西藏，被僧侣喝，是最贴近人类信仰的灌顶醍醐。"

清乾隆年间，清政府实行移民殖边。因缅甸东部部落曾经进攻西双版纳，易武六大茶山的少数民族村民大批逃入老挝。战乱之后，民散地荒，朝廷贡茶无法缴纳。为此，当地官员特到石屏招商，允许石屏人进入茶山采茶、种茶、制茶、售茶。易武茶商原本就以石屏人居多（与红河州石屏人同根同源，现在依旧讲着红河州方言），这一历史机缘触动了敢闯敢干、吃苦耐劳的石屏人的创业梦想，石屏等地的上万汉族人涌入易武开垦荒地，同时将育苗移植茶树的技术带到易武，易武茶叶种植区域飞速扩张。

经过四五十年的垦拓，易武新增茶园三万多亩。这时，商贾纷至，开辟茶园，建立茶号，开启了易武六大茶山的新篇章。昔日荒凉的易武迅速崛起，成为六大茶山里的后起之秀，而人群聚集的地方便形成了一个集镇——易武街。易武街上商铺连商铺，茶庄接茶庄，生意兴隆，人丁旺盛，内地茶商和马帮往来不绝。资料显示，当年春茶上市的时候，易武街上进出的马匹每天达到500匹，而由于易武本地的原料不能满足易武茶号的加工，因此倚邦、革登、曼庄，甚至攸乐山的茶菁有一大部分被集中到易武加工成"七子饼茶"，最多的时候达到了6000多担。那时候，易武山山有茶园，处处有人家，建在街上的文庙和石屏会馆更是热闹非凡。

4. 易武，
茶马古道
的
发源地

清朝嘉庆和道光年间，是易武普洱茶最辉煌的时期。早在雍正年间，鄂尔泰任云贵总督时，就在滇设茶叶局，统管云南茶叶贸易。鄂尔泰勒令云南各茶山茶园将出产的顶级普洱茶交由朝廷统一收购，挑选一流制茶师手工精制，并亲自督办，并印"鄂尔泰"私宝，进贡朝廷。1732年，六大茶山的普洱茶被正式列入《贡茶册案》，每年清明节以前采摘的茶叶必须完成进贡任务后才能上市交易。

近现代以来，易武的道路，可以说是被茶商和茶农一步步踏出来的。易武博物馆里有记载：在滇藏茶马古道因为大理杜文秀起义被阻断后，易武茶商创新开拓市场通路，将茶销往东南亚和我国香港地区。紧邻易武的越南莱州、老挝丰沙里成为新的六大茶山外销中转重镇。广东人素来喜爱普洱茶，尤其是易武茶。清代起就有广东茶商在易武和越南两地往来经营的足迹，越南莱州就有广东人开设的商号专门经销易武茶。

商业触觉灵敏的英国人也捕捉到了易武茶的商机。19世纪时，一位名叫乔治·威廉·克拉克的英国人不远万里来到中国，并在这里度过了一生。他写了一本名为《贵州与云南》的著作，其中就有关于易武茶商业往来的记述："1855年，东印度公司在大吉岭和加尔各答设有中国茶叶代办处，专收云南易武、倚邦、攸乐所产之茶。"东印度公司是当时全球最大的茶叶贸易推动者，他们敏锐的商业目光，也曾经牢牢盯在澜沧江这块茶叶圣地之上。

缅甸当时是英国殖民地，老挝和越南则是法国人盘踞的特区，欧洲列强因为茶叶贸易与易武产生联系，时至今日仍留有痕迹。在易武老街拍照时，见到许多老街人家家里还有越南运过来的法国产剃须刀、油灯、茶具等物品。因为茶业贸易的关系，易武本地跨国婚姻司空见惯。当年一些大茶商在越南跑经销的时候，遇到心仪的越南女子也会娶回家，或为妻或为妾。易武本地人还说，世家传承的大商号车家二代，曾迎娶了法国的女子。

自清代中后期到民国，有80%的易武茶依靠东南亚与印度、我国西藏等地外销或边销。越南、缅甸、加尔各答等地，是易武茶商频繁驻足的地方，易武各大茶号，当家的都有着凭生意在脑海里画出来的国际贸易路线图。凭借茶叶，不管朝代如何更替，社会如何变迁，易武都是一个对外开放的桥头堡。清中后期，正是世界大战时期，全世界都在经历残酷的战争时光，经济萧条、人民生活颠沛流离，易武，一片茶叶见证历史的跌宕起伏。

20世纪五六十年代的困难时期，易武沉寂了一段时间，到20世纪80年代末开始复苏。乡里带头组建了茶叶种植队，办起了乡茶叶初制所，带动乡民护养、改造、管理老式茶园，易武及其周边茶山的青毛茶价格连年翻番。制作传统七子饼茶的小作坊迅速发展，至今达30余家。

都说易武是半部普洱茶史，委实丝毫不为过。

这天虽是谷雨节气，但易武一点雨都没有，天气很热，中午我们待在易武的贡茶院品饮易武今年各个山头采摘的茶，傍晚时分，下来到街上溜达。刚好赶上易武的集市，镇上四乡八里的人来此赶集，各种百货、新鲜蔬菜、水果摆满街道两侧，一些店里还有散装的普洱茶等土特产，热闹的街道让我们仿佛看见曾经马帮的繁荣。

易武人做小生意的场景和中国其他乡村的市集一样，但从市集往巷子里一拐，会发现易武的不同，街巷两侧常能见到一些带有远古历史印记的建筑和用

4. 易武，
   茶马古道
   的
   发源地

物，那些镌刻着关于普洱、关于茶马古道的岁月风霜、时代变迁的印痕，缓缓入眼，有如一本茶史小册子，等着你去翻阅。

　　传奇的易武、几经沉浮的易武、饱经岁月沧桑的易武，迎来了当下它最好的时代，讲述着各种传奇的故事。

第二章　茶区
　　　　深度探寻

5.　走近
　　麻黑村、
　　落水洞、
　　刮风寨

万物神奇，大自然对云南似乎又额外给了一份溺爱。

云南境内古茶树分布之广泛，数量之众多，年代之久远，树形之高大，种类之繁杂，让人叹为观止。尤其澜沧江、元江和怒江流域一带，一座座茶山，有如天然生成的茶树博物馆，亘古而繁复，让人类在这些千年茶山、百年茶树面前渺小如芥尘。每个茶山头自具特点，单是茶叶的多样性就让人心醉目眩。其中有两个标志性山头，可以代表普洱茶的高峰：一个是勐海的布朗山，还有一个就是勐腊的易武。

布朗山的老班章、贺开、班盆，易武的麻黑、弯弓、一扇磨等七村八寨，无论从历史，还是从传承来考究，都是可圈可点的名寨。而最让老茶客心醉的茶，当属易武茶。喜爱普洱的茶客，对易武茶的香高水柔、柔中带刚赞不绝口。如何做到柔在前，刚在后，刚柔相济，这既考验茶叶的品质、做茶人的水平，又考验喝茶人的功底，三者缺一不可。好的易武茶与懂得品饮易武茶的茶客就像是天作之合。

为了亲近心心念念的易武茶，堪称普洱茶骨灰级迷弟的老陈，万里迢迢带着我们一行人，从大都市出发，使用了各种交通工具，终于抵达易武，深入到易武的七村八寨之中。

"班章为王、易武为后"，普洱茶界流传着这么一句话。易武位于勐腊县东北山区，地势东北高，西南低，北部山脉呈波浪状连绵起伏。最高处黑水梁子海拔2023米，最低点位于南部的回洼村海拔630米；三合社海拔1433米，纳么田点海拔730米。易武茶山终年高山云雾笼罩，日照充足但空气湿润，是大叶种普洱茶理想的生长地。茶园面积和茶叶产量长期居于古六大茶山之首，是有名的"七子饼茶"产地。而在易武茶山，最具代表性的是"七村八寨"。七村是指麻黑村、高山村、落水洞村、曼秀村、三合社村、易比村和张家湾村；八寨是指刮风寨、丁家寨（瑶族）、丁家寨（汉族）、旧庙寨、倮德寨、大寨、曼洒寨、新寨。

七村八寨，去哪一个都觉得另外一个寨子也得去看看。老陈拍板，先去麻黑村，再行落水洞，然后冒险深入刮风寨深山内。

· 麻黑村

山路七弯八拐，好一会儿工夫才从易武镇到达麻黑村。我们的车一直开到一块写着"麻黑寨"的地名界碑前才停下来。午后大太阳晒得人张不开眼睛，整个村庄弥漫着一股很好闻的茶香。

麻黑原来的路名叫作"大路边"。以前这里的村民住的都是茅屋，茅屋容易着火，经常因各种原因被烧得乌漆麻黑，麻黑村因而得名。后来，麻黑改叫边中大队，再后来又恢复了麻黑村之称，现村里大约也就七八十户住民，是一个汉族、瑶族和彝族混居地，当地村民世代以茶为生。

易武有民谚："深山出俊鸟，易武看麻黑。"易武茶在普洱茶界赫赫有名，而在易武镇，七村八寨都要向麻黑村看齐。相比易武正山几大产区的茶来说，不论是品质还是产量，麻黑茶都是不可多得的茶品，是易武茶中最具韵味的茶。

麻黑的名气从贡茶开始。麻黑村寨就建在森林里，茶树则生长在村寨周围的山坡上，常年生机盎然，生命力十分旺盛。麻黑村也是当下易武众多山头中古茶园面积最广、产量最高的一个。与易武地区由其他少数民族管理的古茶树略有不同，由汉人管理、栽培的麻黑茶树，所产茶树发芽早，育芽能力强，叶面宽厚、墨绿，条索紧结、匀整，成品后饼面乌黑油亮，香气突出，茶气足，茶汤清明、透亮，在易武地区的众多山头中独树一帜，是易武茶"香扬水柔"特色的最典型代表。这里的人一直遵循着祖先传下来的手工制茶技艺，独有的茶资源以及独到的工艺，造就了麻黑茶历来被看作是易武茶品质的标杆——手里能拿到一饼正宗的麻黑茶，也是许多普洱茶迷一件非常自得的事情。

麻黑茶有大树茶和小树茶之分。大树茶是易武地方对古树茶的一个俗称，这一类古茶树曾经绝大部分被矮化了，大树茶的价值被发现之后，茶农开始懂得让古茶树原生态放养，仅偶尔做一些修枝整理；目前散种在茶园内的茶树，是后来栽种的，树龄较小，所以统称为小树茶。大树茶是稀缺的资源，卖价自然就比小树茶高很多。过去茶叶不值钱，大小树混采；如今茶叶值钱了，大小树更加难舍难分。能不能收到"古树纯料茶"，就需制茶的人与村民建立长期

5. 走近
麻黑村、
落水洞、
刮风寨

良好的互信关系。

　　易武古树的树形虽然和布朗山的相比小很多，但并不是树龄小的原因，而是易武和布朗的品种，以及生长的自然条件不一样造成了树形的大小不一样。所以也造成普洱茶十里不同香、百里不同味的特点。易武茶香扬水柔，而麻黑茶更以阴柔见长，麻黑古茶在第一年的茶味是清香、纯厚、醇正，有特有的焦糖（蜜兰）香气，这是古树茶与台地茶的根本区别。两年以后清香走，陈香开始出来，第三年到第五年是古树转化的特有阶段，茶会突然变得缺少底韵，这是此时的茶的陈香还没完全释放出的缘故。古树茶的茶味是和台地茶相反的，台地茶是开始时好，越陈越淡泊，烘青高温的破坏，使杂味会一直留在茶中。古树茶是清醇纯净，给人感觉是淡，但有韵，突出在喉韵上，淡而不薄，陈香慢慢在陈化中越来越强。第六年开始陈香明显，底韵开始出来。第十年以后古树茶进入极品期，这时候茶的底气十足，甜水显，回甘好，生津力强。麻黑茶本来就是很多茶人想拥有的茶品之一，"易武后，班章王"，麻黑茶温柔而不失个性，越喝越品出醇厚顺滑，让人流连忘返。

　　居住在山区的人天性中就有一份热情好客，麻黑村村民的面相看上去更是带着淳朴良善。村里人习惯了依山而居，有着山民的勤劳，但他们也非常钟意这山脚下平常日子里的安逸闲适。我拿着相机在巷子里乱逛，经常就乱入某一户村民家的小庭院，或者站到村民宅子边的大晒台上看景。村里家家户户都养着小动物，猫啊狗啊，鸟笼里有不知名但很好看的鸟，甚至在一家茶农家还看到一只猴子。午后，他们在院子里晒茶、择茶，有种时光静谧的味道。每路过一户人家，主人都会问要不要进屋去喝一杯春茶，尝尝麻黑的茶味。麻黑普洱

第二章　茶区
　　　　深度探寻

茶，于麻黑村的原住民来说，完全是他们自家土特产带来的富足和骄傲。

· 落水洞

易武山上海拔1463米的地方，有一个叫曼落的只有二十多户人家、人口不足一百人的彝族村寨。这里常年云雾缭绕，温热多雨，土壤肥沃，植被茂盛，因此村寨周围优质的古树茶园成了村民主要的经济来源。在寨子中心有个很大的山洞（云南喀斯特地貌现象），且山洞通过地底暗流直接与河流相连，加之当地地势原因，就算是雨量较大的雨季洞内的水也不会满溢出来，因而这一独特的地理特色让该村同时拥有了一个在如今普洱茶界声名遐迩的名字——落水洞。

落水洞和麻黑村相邻，传说是七仙女洗澡的地方。落水洞不仅是麻黑村村委会古树茶的中心产区，还是易武众多茶山中种植普洱茶历史最悠久的寨子之一。落水洞地形比较特殊，四周环山，整个村子如同坐在锅底，村子中央有一口供全村人饮用的井，村子背后有一棵名气极大的茶王树，据说树龄800年左右，许多爱茶人到易武都一定会去看看这棵茶王树。但是很不幸，由于自然因素和一些其他原因，茶王树后来"仙逝"了。

于是茶客们只得跑去看被称为落水洞一号、二号的古茶树。这两棵比较出名的"网红树"处于落水洞与麻黑村的交界处，虽然两棵树都不高大，树势也不太好，但因为近路边又没被后天改造过，所以还是被当作落水洞的老树代表，吸引了很多人去看上一眼。村里为此还修了一条观光路一直到达树边，并

5. 走近
   麻黑村、
   落水洞、
   刮风寨

给树建了围栏。

　　落水洞近几年才被广大茶友认识，但它的成名速度之快简直无可匹敌，仿佛一夕之间就进入了茶友视野。作为易武茶区的高品质产地之一，落水洞所产的普洱茶不仅有易武茶区香扬水柔的特点，还独具落水洞本身特色，尤其春茶，品质绝佳，这和当地独特的生态环境息息相关。

　　落水洞虽然位于高原山区，但其地形比较特殊，村寨四周被高山环绕，形成了一个小型盆地。盆地上空常年云雾缭绕，减弱了阳光直射，为茶树提供了较多的漫射光（漫射光更适合茶树的生长）。并且，由于落水洞区域降雨充沛，使得四周高山上养分充足、透气性较佳的腐殖质土壤，随雨水被冲刷到落水洞村，造就了落水洞村深厚而肥沃的土壤层，从而为茶树的生长提供了丰沛的营养。

　　除了生态环境天生就独特而优渥外，落水洞村民对茶树合理的管理和保护，以及严谨而精湛的制茶工艺，也是落水洞能一直保持高品质茶叶的原因。在易武茶区的多次斗茶、评茶比赛中，落水洞村一向以精湛的制茶工艺名列前茅，工艺水平在各个村寨中久负盛名。当地茶农纯手工做的春茶条索紧实，外形呈黑灰色，白毫显露，冲泡以后汤色金黄透亮，细腻顺滑，黏稠饱满，口感甘醇鲜润，蜜香馥郁，而且久泡之后茶汤的质地、持续性、稳定性好，尤其后期存储之后的表现会带给人越来越多的惊喜。后期转化的落水洞茶叶口感都有较大的提升，原始的蜜香透出野性芬芳，后期的沉淀带来无穷的韵味，高品质的古树最能体现出古茶山的地域性风貌特征和优势。

　　优渥的自然条件，精湛的制茶工艺，这先天优势和后天条件的无缝对接，

第二章　茶区
　　　　深度探寻

使得落水洞普洱茶一出江湖便名动四方。在经过适当的存储之后，落水洞普洱茶滋味更为甘醇，茶气更强劲显著，对普洱茶客来说，意味着这茶具有很高的存储价值。

· 刮风寨

听说我们要去刮风寨，老茶人很慎重地说，带路可以，但黄昏六点全部人一定要从山里撤出来，要不晚上待在山里会很危险。

从麻黑村再往上有两条小路，其中一条就通往刮风寨。刮风寨是纯瑶族寨子，和老挝接壤，处在边境上，很偏僻。而我们要去的古茶园比寨子更远更偏僻，从寨子到古茶园要三四个小时车程，有些路段蜿蜒崎岖，几段羊肠小道连摩托车都开不进去，必须步行。

山路确实非常难走，路是真正的山路，既窄又陡，坡度有30度，甚至有时接近60度，汽车一路颠簸，把车里的人颠得仿佛五佛出世，车前时有怪风刮起沙尘，让司机视线很受阻，而旁边就是悬崖。此路之难走不是没去过茶山的人所能想象的，本地茶农才敢骑摩托车进山，到后来摩托车都进不去，只能步行一路往山内深入。茶山生态环境原始而幽深，我们到达古茶园后，却已见到老茶农在采茶，非常不容易。

刮风寨的古茶树分布在约50平方公里的原始森林中，和森林古树混生，由于地理位置非常偏僻，再加上地处边境原始森林，因而得以逃过历史上那场人为的老茶树矮化灾难。由于茶园的人工管理很少，在大自然的生态环境中，

5. 走近
    麻黑村、
    落水洞、
    刮风寨

古茶树可保持着自然生长。由于古茶树生长非常缓慢，使得茶树内含物质积累非常多，在存储转化中，往往能够给人很大的惊喜。刮风寨之前默默无闻，2007年以后，随着普洱茶山头逐渐热起来，刮风寨才慢慢进入茶友视野。

眼前到处都是古老的树木，这一棵棵的古树绵延开去，成为一片森林，把一座座山峰覆盖成一片绿海。动辄几百年的古茶树，其存在本身就是奇迹。它们的根须深深地伸向地下深处，像与这片土地紧紧地连在一起，祸福与共。少数民族对古老的树心存敬畏，这些古茶树活得太久活成了神一般的存在。它们记录着不断流逝的时光，对眼前一切宠辱不惊，顽强地与各种珍稀物种一起延续着生命的香火；它们也以自身的宝藏造福人类，成为人类茶文化史的一部分。

刮风寨古树茶的最大特点是有一种独特的山野气韵，整体表现非常出彩，初次品饮会有种超乎想象的感觉。当地茶农说，刮风寨和丁家寨隔冷水河相望，但两个地方的茶口感有差别，刮风寨整体来说口感更加开阔大气，有厚重野韵，但这并不是说它口感粗犷。刮风寨也保持着易武茶区的特性，制出的茶具有非常明显的香扬水柔的特点。与易武相同的茶文化传承，相邻的茶园，相同的制作工艺，但导致口感不同的唯一可能就是制茶人的心情和技术。

历史悠久的茶园寨子和制茶工艺传承，令工艺在这个过程中得到反复改良，而且始终保持着纯手工制茶工艺。真正纯粹的易武味道，因为厚重的历史感和深重的沧桑感，总是给人一种丰富饱满的滋味。

正在采茶的老茶农告诉我们，市场上刮风寨古树茶遍地都是，但其实真正产自刮风寨的茶非常少，大多是老挝边界的茶冒充的。但真正内行的茶人、茶商和茶客都能够识别来自刮风寨的味道——历史悠久的寨子在做茶方面都有一些与众不同的手法。

老茶农脸上沟壑纵横，深深的皱纹印记着刮风寨茶人比一般茶农加倍的辛劳。老陈伸出手与他紧紧相握，平时言谈举止不经意间带着些许傲性的他，此刻脸上尽是敬重。

时光与历史的长河最能大浪淘沙，只有经得住一遍遍的波浪冲刷、岁月淘洗还能留下来的，才是精髓。

5. 走近
   麻黑村、
   落水洞、
   刮风寨

6.　景迈茶山印象

七彩云南，这是云南给人天然生成的地域视觉效果；景迈山，则像云南悬挂在胸前的一块大绿翡翠。

从国道214线即惠民乡政府驻地一路往南，沿着蜿蜒的盘山公路走18公里，便是景迈。景迈整个地形西北高、东南低，从乡政府出发前往景迈山的途中，风景如画，坡路两旁是成片成片的现代茶园，再往上走，取而代之的是未经修剪过的老茶树，许多地方正在修路，景迈开始进入现代化。

这里的村民一般都是世世代代居住在景迈山上，进入村寨，许多老茶树就栽种在房前屋后，家家户户的晒台上都晒着茶。据介绍，景迈古茶山由景迈、芒景、芒洪等九个布朗族、傣族、哈尼族村寨组成。它们虽然拥有不同的语言、民居、服饰等，但有一点是相同的，就是都与茶有关。

景迈山古茶园历经世代变迁，至今仍保留着完好的茶林景观与和谐的人地关系，整个古茶园占地面积2.8万亩，实有茶树采摘面积1.2万亩，是当地布朗族、傣族先民驯化、栽培所成。据考证，这里种茶有近2000年的历史，是世界茶园遗产地和普洱茶祖朝圣地。

2003年8月，中国科学院的专家们经研究指出：景迈千年万亩古茶园是世界上保存最完好、年代最久远、面积最大的人工栽培型古茶园，是"茶树自然博物馆"，是茶叶生产规模化、产业化的发祥地，是世界茶文化的根和源，也是中国茶文化发展的历史见证。2007年，景迈千年万亩古茶园以其独特的自然资源优势和显著的保护利用民间文化遗产成效，被命名为首批"中国民间文化遗产旅游示范区"。日本茶叶专家松下智和八木洋行先生称景迈山为"人类茶文化史上的奇迹"、"世界茶文化历史自然博物馆"。

如果社会以高速运转的方式嬗变，历史与文明会以什么方式存档？有什么能证明人与自然之间互相依存的岁月？景迈古茶园，是一个历史与现实、人文与地理粘连得很紧的地方。千百年来，不管山里发生过什么，自栽下第一株茶苗起，就注定这里是茶叶圣地、滋养人类的地方。

根据景迈村糯干村民波岩虎的两本傣文资料记载，很久以前，勐卯豪法一带居住着一支庞大的傣族部落，人们以游猎和采摘野果野菜为生。随着部落的人越来越多，食物渐渐缺乏，部落王子召糯腊带着一部分人出发去寻找新的家园，佛历439年(公元前106年)召糯腊沿着澜沧江顺流而下，一路跋山涉水来到临沧，看到澜沧江流域美丽的自然风光，有一部分人便在这里定居了下来，而召糯腊带着大部分人继续沿着澜沧江南下，不久便来到澜沧江以西，即现在的澜沧县境内，当时澜沧江还没有名字，召糯腊看到这里野象成群，便给澜沧江取名为"郎章江"(郎章为傣语，郎：百万；章：大象)，后来人们根据它的谐音将"郎章"书写成"澜沧"。有一天，召糯腊带着猎手在山上狩猎，突然，发现一只金马鹿在悠闲地吃草，召糯腊和猎手毫不犹豫地追了过去，人快

6. 景迈
茶山
印象

马鹿快，人慢马鹿慢，渴了喝几口山泉水，饿了吃几颗野果，不知道追了多少天，追到了今天的景迈山，马鹿便消失不见了。召糯腊看到这里是一片茂密的原始森林，地势平缓，土地肥沃，山下是茫茫的云海，山上风和日丽，山川锦绣，到处盛开着美丽的鲜花，环境十分优美，召糯腊便回去带着妻子和部落人一起来这里定居下来。后来，景迈傣族村民便说他们的祖先迁徙到景迈山是由一只金马鹿带路来的(景迈为傣语，景：城；迈：新)。

据《布朗族言志》和有关傣文史料记载，古茶林的驯化与栽培最早可追溯到佛历713年(公元180年)，迄今已有约1840年历史。在布朗族传说中，布朗祖先叭岩冷种植茶园，并给后代留下遗训：金银财宝终有用完之时，牛马牲畜也终有死亡时候，唯有留下茶种方可让子孙后代取之不竭、用之不尽。据考证，澜沧江流域是茶的起源地，而布朗族的祖先濮人是最早利用野生古茶和最早栽培、驯化古茶树的民族。叭岩冷也就成为有名姓可考的最早的茶人，由此成为茶祖。相传西双版纳的傣族土司曾把第七个公主嫁给叭岩冷。现在景迈山芒景村还供奉着茶祖叭岩冷的庙宇和七公主亭。

优美的传说总是与历史悠久的山头和独具风情的民族联系在一起的。眼前的景象如此诱人，我们迫不及待地询问：古茶林在哪里？

景迈山号称"万亩乔木古茶园"，十二大茶山中乔木树最大的一片就集中在这里。都说早晨时分，是景迈古茶园最迷人的时候。诚然如此！此刻的景迈山风光旖旎，走在山脚下，隐在茶林里的村寨不经意就出现在眼前。远处山上缭绕的云雾渐渐散去，云雾之下就是景迈茶山。一棵棵壮硕伟岸的古树沉静地站在森林里，大概需两三人才能合抱。仔细一看，原来许多林荫下面就生长着古茶树，这些古老的茶树与原生古树混生在一起，在林荫下虬枝盘曲，很自在地伸展着枝干，长得高大的茶树看着约有五六米高，矮一点的也有两三米上下，茶树枝干上长满了苔藓、野生菌类和寄生兰花，以及开着鲜艳花朵的石斛。地上四周大量滋生着蕨类植物，像一领织着叶脉图案的暗绿色地毯。与云南大多数茶山一样，冬去春来，各种伴生的植物，在枯枝落叶腐烂之后，为茶树提供了天然的有机肥，动物和昆虫的多样性又直接清除了茶树的病虫害。景迈森林里大量野生着各种兰花，造就了景迈普洱茶独有的兰香，让人印象殊深。

来景迈之前我听说，景迈山古茶林里有一种神奇的纯野生寄生物，叫"螃蟹脚"，具有特殊的药用价值，不仅有清凉解毒之奇效，若常服还可防止血管硬化；又听说"螃蟹脚"只能在上百年的古茶树林中才能找到，市场价比古茶还要贵。可惜我在各种植物混生的茶林里对照图案搜索了半天，这只植物界的"螃蟹脚"却觅不到一丝踪影。

少数民族的女人，非常能干，她们在家庭中有着很高的地位。采茶、晒茶、制茶、择茶，到处都有少数民族女子勤劳的身影。据说云南十八怪中的"老太太爬山比猴快"，其源头就是来自景迈古茶山。景迈山古茶园的茶树比较高，必须要爬到树上去采茶叶。树高，叶子在枝端，再加上茶树分散，这就造成了采茶的不易。一个熟练的采茶工爬上爬下，每天最多能采几斤茶。由于女人体重轻盈，一般采茶的工作都是由女人来完成的。久而久之，景迈采茶的妇女都练就了一身爬树本领，爬树的速度也快得惊人，经常还有七八十岁的老奶奶爬到树上采茶的场面。

6. 景迈
茶山
印象

居住在景迈山里的布朗族、傣族、拉祜族老人，长寿的特别多，而且精神矍铄，头发乌黑亮泽，耳聪目明，眼捷手快，许多老人还处于"茶叶基层第一线"。我们团队各人互相不怀好意地用目光搜寻对方头上的白发，对比之后发出感叹，景迈老人之所以黑发如年轻人，长寿而康健，是住在森林里空气清新、水源纯净以及常年饮用百年古茶树老茶的缘故。

真正的古树茶不可能价格低廉，除非有人骗你。目前，景迈古茶园的年产量平均每亩只出产10多公斤茶叶，在普洱市场上非常抢手，供不应求。资深老茶客喜爱景迈茶的香气突显、山野之气强烈。景迈茶是乔木古树茶中山野气韵最明显的古茶之一，它具有特别的、浓郁的、持久的花香——这兰花香是景迈独有的香，兰花香如能储存得当，香气越存放越明显。入口时景迈茶会迅速带给人一股甜的味觉，且这种茶底的甜迂回曲折，保持良久，耐人寻味。

作为普洱茶大产区之一，景迈的大平掌早在傣历600年(公元1139年)前就出现了茶叶交易市场"嘎轰"，明代以来，这里的茶叶已是孟连土司上缴皇室的贡品。当年，产自景迈茶山的茶叶用笋叶和竹篮包装着，人背马驮，通过茶马古道，源源不断地运出大山。其中一部分进入普洱府，作为普洱茶的原料之一；另一部分则直接通过中缅边境的洛勐和打洛，进入缅甸，再销往东南亚各国。

一代代保护良好，规模惊人的古茶园，一片片绿意绵延开去直抵远山；无论生活多么科技化，仍然保持着原住民独特生活习俗的傣族、布朗族村寨；还有一入口花香沁人、回味无穷的古树茶……这就是当下的景迈。

黄昏时分，远山夕阳缓缓落下，这夕阳红得不像是实景，渐渐地染红了天边几抹晚霞。放眼望去，景迈山的茶林仿佛长在云海之上，近处是深绿，远处是浅黛，浓淡相间，如山水画一般。我们在景迈山脚的茶庄园吃过晚饭，又去看了少数民族的篝火晚会，月亮升起来的时候，耳边捎着竹笛的声音往回走。景迈山的夜特别宁静，竹楼隐在树林里，灯光闪闪烁烁。此刻，脑海里城市的印象变得很模糊，所有的喧嚣全部被沉淀稀释，只剩下宁静悠远，让人产生一种此地可长住终老的念想。于是回房间的露台坐下，冲泡一壶上好的景迈茶，看着如水的月色，沐浴着景迈的长夜。

6. 景迈
   茶山
   印象

茶与人，
一种
历史联结

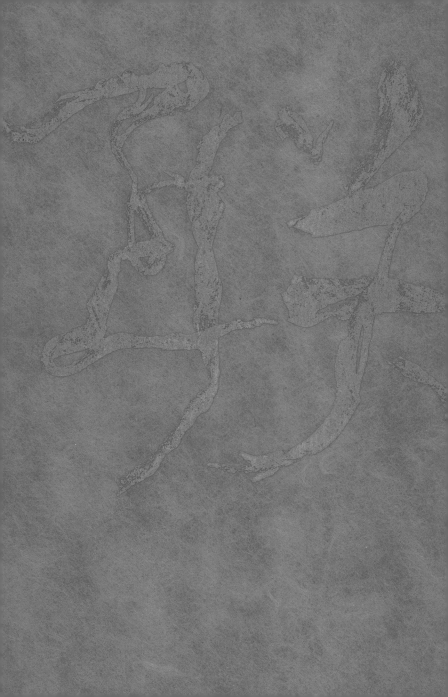

1.

陈升河
和
老班章

2.

百年
福元昌老宅
的
新故事

3.

复兴之光，
一个茶人
的
寻茶路

大山无言，历史是由人书写的。一部茶叶史，也是茶人史，那些与茶长久联系在一起的名字，自古至今，在每一册书卷里熠熠生辉。每一位曾经以及一直行走在茶山里的人，茶香沾衣，让略显生涩的后来人，闻香生出敬意。

第三章　茶与人，
　　　　一种
　　　　历史联结

1.　陈升河
和
老班章

"班章为王，易武为后。"

踏上云南的土地之前，耳边就常闻这句流行于茶界十数年的说法。一个山头的茶，被奉为"九五之尊"，还以茶为媒，给它配了"茶后"，这老班章在茶界的影响力，可见一斑。

老班章曾经也默默无闻过，这村子一直深藏于云南无数大山之间的一个山坳里，山长水远，森林覆盖，交通不便，物资匮乏。小小的村寨里只有一百多户哈尼族人家，像隐居的族群，日出而作、日落而息。

农耕、狩猎，自食其力，自给自足。左邻右舍门不闭户，逢年过节可能会到几个山头外的人家去做客。后来村里修了路，村子与外面才开始有了联系，但收摘的老树茶不仅产量低，还被认为茶芽太过硕大，以致身价也低。加上2007年随后几年，普洱茶业由于各种原因处于史上低谷，云南普洱茶市场面临前所未有的萧条局面，本来就十分偏僻的老班章，其存在更是无足轻重，贫穷而落寞。

世间绝品人难识。封闭的世界里，老班章茶树自立为王——山之王。这

1.　陈升河
　　和
　　老班章

是一个天空常年五彩缤纷、阳光热烈但又非常湿热的地方，只有顽强坚韧的生命才能站稳脚跟并且活得很好。无论活了多少个百年，老班章的茶树似乎永远处在青春期，根深叶茂，野性而霸气，守候着这片森林，这片土壤，一年复一年，时光静默地沉淀，让老班章具备一股神气，一种有别于其他山头的独特内涵。

然而，真正的王者，都是孤傲的，只有众生来就我，没有我去就浊世的道理。没有知音，宁可独处，也不苟同。

直到遇上陈升河。

"吾自少年涉足于茶，至今近五十载，虽历经曲折无数，却依然兴致万千。今聚毕生之力及制茶心得，于茶之源头，置地筑厂，欲与天下茶人乐在其中，以圆人生之茶缘。与君开怀尽兴之余，若能为千秋普洱茶于盛世之际，光大传延尽绵薄之力，足矣！"

在勐海的陈升号厂区看到壁上镌刻着的陈升河老人的这段话，我就对老先生产生了一股强烈的好奇心。这位在普洱茶界非常有名的老茶人，坊间的传奇故事很多。老陈告诉我，十几年前，陈升河老先生因为一次寻茶之行，在走遍了西南边境一座座山、一条条河、一个个村寨，在近距离接触云南古茶园的时候，被勐海的古茶园深深吸引，迷上了植根在滇南大山深处的一棵棵老茶树，竟然决意结束在深圳家大业大的一切产业，举家迁至勐海进行二次创业。也就是从那时起，勐海的古茶园一步步成就了陈升河的茶缘。

要知道，当时陈升河已经五十多岁了，不是身强力壮的追梦少年，他在深圳的事业稳固，创办的茶叶品牌发展得如火如荼，当他宣布这个决定时，

第三章　茶与人，
　　　　一种
　　　　历史联结

身边的亲朋大多持反对意见。陈升河先生的大儿子陈柳滨感慨地回忆说："当时我实在是不能理解父亲的这种做法，不明白他从一线城市搬到边疆地区，这人生追求到底是在追求什么？"但这一切都不能阻止陈升河前往彩云之南的决心。

他来到云南勐海建厂的初心是什么？这位老茶人，现在是什么模样？

但是约访老人，殊不容易。

他一直在忙碌着。

我们初抵云南，第一次到勐海访陈升号的时候，老人已经坐飞机到外省参加茶事活动去了。

第二次我们从易武回到勐海，再次进入陈升号厂区，厂里的人联系老人，说老先生正忙着拼配今年的春茶，那几天都很忙，估计没时间坐下来聊聊。

第三次，是我们已经准备搭乘当天晚上回家的班机，离开西双版纳。老陈见我不死心，决定再试试，那天下午我们决定找车再进陈升号，这一次，终于遇上了陈升河老人。

陈升河老人旁边的一个女经理问老人，茶叶拼配要几点开始？我赶紧用潮汕话对老先生说："陈伯，请给我半个钟头，我问您几个问题就好！"

陈升河老人一听，说你这口音像是汕头澄海人，潮汕话里就数澄海和潮安一带的口音最轻软，听起来好听！

以下是本次访谈录音的记录：

1. 陈升河
   和
   老班章

记　者　　"像普洱茶这个文化来说，我们这次是想从历史到它整个的发展脉络一条线寻下去。当然来云南绕不过陈升号这个传奇，我第一个问题就是，在您五十几岁的时候，当时在茶行业其他茶类里面已经取得很大的成绩了，然后经过在云南这边的考察之后，决定涉足普洱茶这个茶类、茶品种，之后就一直在云南这边发展，当时是基于什么样的考虑？"

陈升河　"由于我是做茶的嘛！中国六大茶类，加上普洱茶，都叫作茶，这几个茶类都有一个共同点，都是茶。这是一个起因。茶的起因和其他东西为什么不一样呢？第一个，茶叶它的叶子呀，这个主梗两边有很多脉络，这些横梗，它是辐射到叶子边上去的，到了叶子边以后呢，会兜兜兜回来，所以，这不是普通的树叶，这是茶叶。所有茶叶都是这个形样；第二个呢，都是茶，它只有一个不一样，就是工艺不一样，造就了它的味道不一样。所以中国茶分这六大类茶出来，都是茶，但不同的工艺造就了不同的产品。"

记　者　　"所以对您来说，茶叶它不只是一种简单的树叶。"

陈升河　"茶叶就是茶叶。茶叶它的根部不会直射边缘的，它射到边上就有个圈圈卷回来。所以说大叶种、中叶种、小叶种，乔木、灌木，都是茶叶，是相通的，只有工艺不一样，就变成味道不一样。你喝

第三章　茶与人，
　　　　一种
　　　　历史联结

茶，喝到六七泡的时候，后面的（味道）基本都是一样的，都是相通的。所以你刚才说第一个问题我是这样（答），因为我们做其他茶，譬如铁观音、大红袍、单丛、龙井、碧螺春，还有茉莉花茶、白茶等，这些都是茶。但由于工艺不一样，造就了这些不同的茶的品种出来。我们做茶人的，看到什么茶，都有一个好奇心嘛，都想去搞清楚，看到底是怎么回事，这是每一个做茶人都会有的心态。那我们怎么弄呢？譬如做了这些茶，龙井啊、碧螺春啊、大红袍啊、白茶啊，包括这个单丛我们都会到山里面去看这到底是怎么回事。

讲到普洱茶就是说，普洱茶以前就是又苦又涩，然后有教授发表文章说又老又香，那'又老又香'对我来说就是它要在十年、二十年之后才变成值钱的东西，我们当时实力不是很大就没有进入这个行业，（我们做的茶）要买来就能马上卖掉的。后期到2006年、2007年普洱茶就很热门，做为一个做茶人，就想来云南看个究竟，到了之后就吓了一跳。怎么会吓一跳呢？满山遍野的普洱茶树啊，让我一个做几十年茶的人，三十多年嘛都是亲手亲为的，变成看了之后，哇！"

记　者　　　"很大的震撼是不是？"

陈升河　　　"不是震撼啊，就好像我做了一辈子茶追求的一个地方就在这个地

1.　陈升河
　　和
　　老班章

方一样，那个感觉就出来了。哎呀这个茶树那么高的！我们在凤凰单丛就是几棵名丛，就觉得很漂亮，都有很多人到潮汕。所以到这里看了之后就非常喜欢起来！"

记　者　"就是看到很大的面积，一片一片都是古茶树，您真是一位真正的茶人，一看到这么多古茶树就感觉好像是您一个梦想的家园，找到了作为一个茶人梦寐以求的地方！看到这么多古茶树您是不是想发挥自己的制茶工艺能力，把它的价值挖掘出来？"

陈升河　"我来了以后，很多人问我，你为什么要去？我说了一句话，以后六大茶类中，普洱茶是要排首位的。当时普洱茶是很便宜的，那我们看到这个茶叶以后，它的内质从各方面都是最好的，我可以这样大胆地说。因为几个原因，第一个，几百年的茶树，太多了！第二个呢它特别耐泡，一般好茶就耐泡。它具备了这个条件；第三个它是大叶种，大叶种反过来说，也就是整个茶叶的祖宗啊，所有茶叶、全世界的茶叶都是从云南这里发散出去的。从这里长出来啊，长出来以后才演变出去的。包括印度、斯里兰卡，还有沿海，云南的大叶种普洱茶，到我们中原地区就变成中叶种、到沿海就变成小叶种，都是从这里出去的，给我一个感觉就是找到了源头那种感觉，所以就变成无论怎么样，（我都）要卸掉所有事情，认真来这里陪伴这些古茶树。就这样！"

第三章　茶与人，
　　　　一种
　　　　历史联结

记　者　"以前看茶树的历史资料，印度一直说全世界最老的茶树是在他们那里。后来经过考证，我们云南山里有一棵古老的茶王树，就是现在我们陈升号后面茶厅里供着的那棵，而且现在还不止，又说发现了一棵更老的茶树，有三千多年。"

陈升河　"对！野生茶还是没有办法去定时间的。老茶树很多，在云南很多，其他地方找不到。大黑山那里还有五百多棵。这就是一个茶叶的起源，所以这也是我来这里的原因，我觉得找对地方了！"

记　者　"当时您年纪其实也是不年轻了，我听说您到这里之后几个山头都爬遍了！当时的状况是怎样的？几个山头是不是还处于很多还没有开发的状态？工艺是不是还没那么先进？"

陈升河　"在云南基本上茶叶山头都开发了！该种的种，该保护的都保护了！工艺这一块，我觉得中国茶为什么和世界茶不一样呢？为什么中国茶有六七个种类呢？

就是因为各个地方的工艺都不一样。为什么会不一样呢？他们觉得他们这地方的茶就应该用这个做法来做，它就是一代一代从老祖宗那里遗传下来，一直改进，一直修正，一直做下来的。他觉得这个做法是对的，他一直都是这样做。你看那个铁观音就是铁观音的做法，单丛就是单丛的做法，普洱茶就一定要普洱茶的做法。你用另

1.　陈升河
　　和
　　老班章

外的做法做，不一定是好的！"

记　者　"这也是当地老百姓的智慧。因为适合这里的土地，适合这里的人文，历史上记载朝廷也非常喜欢普洱茶贡品的口感。普洱茶，您觉得它最大的优点是什么？"

陈升河　"一个是耐泡，一个是像古树茶、大树茶的树多高根部就有多深。譬如一棵树有3米高，它的根部就有3米深，所以它吸收的水分和矿物质是没有污染的，这是它的优点。它有几米深的地，我们就是去翻土，也没有能翻到三四米深这样的可能。这是它最大的优点，这是第一；第二呢，几百年它这样活过来，它也不需要人去下药下肥，它纯粹是自己长出来的。整个卫生状况是非常好的！然后对普洱茶我的观点是，现在做茶呢，一个是做的工艺，还有一个是喝茶人的泡茶手法，这个在市场是有很多人需要了解的，因为很多人在喝茶时，有时候也不知道怎么泡，怎么喝，实际上喝茶我觉得也很简单，我希望你们这本书做了之后让很多人看了觉得有用，能按照这个方法来喝茶。"

记　者　"是，做《遇见普洱》这本书，我们也是这样的想法。"

陈升河　"所以我的感觉是什么呢？就是所有茶叶不论是普洱茶还是什么

第三章　茶与人，
　　　　一种
　　　　历史联结

茶，中国六大茶类，你喝了之后一定要觉得爽口，口感会很喜欢。特别是喝了三四杯、五六杯后它每一杯都有变化的嘛！你越喝越喜欢，那这泡茶基本是好茶；如果你喝了五六杯以后就顶嘴，就不想喝，这泡茶人家说怎么好那都是骗你的。肯定里面不是工艺不好就是季节不好。对！这是一个原因。

那么第二个原因呢，如果你觉得这泡是好茶，你能够从五六遍开始做个分茶点，如果你觉得这泡茶越喝下去越有味道越喜欢喝，这泡茶完完全全可以确定是好茶；如果你这泡茶喝完以后，像普洱茶一样，喝二十遍，有的三十遍，喝了以后你很想说，哎呀刚才泡的那泡茶，再来一泡，再来喝一遍，这泡茶就是特种茶了，就很稀有了，非常稀有。为什么呢？因为好茶它有一个说法叫做韵，观音韵，还有普洱韵，龙井也有龙井的茶韵，各个茶叶一定要有韵味，才能让你的这泡茶从第一遍开始喝，其他茶七八遍、普洱茶二三十遍能够从头到尾喝完。这有个什么道理呢？这泡茶里面一定有韵味，有韵味的茶可以让你生津，叫'舌底鸣泉'嘛，会让你生津。生津以后你在喝茶的时候就有点甜、有点回甘、有点爽口，很多味道都会在茶叶里面体现出来。然后你吞下去以后，它就有韵味让你生津，如果没有韵味就没有什么反应。有韵味的时候就能让你的舌底出口水，出口水你的嘴巴就开始淡淡的，你喝一泡茶，具体到下泡茶之间舌底就会淡淡地想去喝茶，这是一个好茶的特征。然后这泡茶能够喝完，你还想再喝它，证明这泡茶的韵味是非常强烈的。"

1. 陈升河
和
老班章

记　者　　"就要一种非常悠长的韵味？"

陈升河　　"对！就是悠长的！非常好的韵！这就不是简单的一泡茶就会有这
　　　　　个功能，让你喜欢、一再去喝它。然后你也会一直记着这泡茶。每
　　　　　个喝茶人都有一个特征，他什么时候在哪个地方喝到一泡他觉得一
　　　　　辈子最好的，这泡茶他永远不会忘记。"

记　者　　"就是好茶它会给你打下一个味蕾很强的记忆。"

陈升河　　"反正不理怎么样，你也一样，你到哪里喝到一泡最好的，以后没
　　　　　有一泡能超过那一泡的，你就会一直记得那一泡茶。这就是一个好
　　　　　茶的魅力。那么韵是怎么来的，这个很重要的！这个韵味我的感觉
　　　　　就是整个茶叶的好坏就是天时、地利、人和、树种这四个方面来
　　　　　的。天时就是春夏秋冬啊，雨天晴天、上午下午，这个都是有区别
　　　　　的，这是天时的问题。地利的问题，举个例说，像海拔100米、200
　　　　　米，像铁观音喜欢500米到800米啊，然后到1000米、1200米、
　　　　　1500米、2000米，大地上都有不同的高度，这是海拔的不同；然
　　　　　后是种的土，黄土、沙土、黑土、泥巴土、石头土，都有不同。这
　　　　　些问题造成一泡茶叶的好坏。人的方面，你的技术、工艺讲究的是
　　　　　细还是粗，像我们五个人，同一个寨子同一个地方采茶，同样在家
　　　　　里做，做出来的茶叶一定是五个味道的。这就是不同的人的问题；

第三章　茶与人，
　　　　一种
　　　　历史联结

最后是树种的问题，普洱茶没有好树种，你拿龙井的工艺来做也做不出最好的，所以树种也是非常重要的。我感觉做一泡茶做得好不好，有没有韵味这是天时、地利、人和、树种这四方面组成的，这是很简单的道理。然后我们做这产品，就是清香甘活这四个字。"

记　者　"这也是陈升号普洱茶的特点，是基础吧，是不是？你们对好茶的要求就是要达到这四个字，清香甘活，一泡好茶要能达到这个韵味？"

陈升河　"对！清香甘活。清，就是我们拿这产品来看，看了以后很清淡，没有杂物，一饼茶也好，一泡茶也好，挑出来里面很干净，没有杂物，泡出来的茶水非常干净，非常清，冲到后面茶渣也非常干净，没有渣渣的；从干茶到茶水到茶渣，都是清淡清香，很清的统一的颜色；香，就是我们喝来有香气，香气有一阵就过去的还是持久的分别，香气最好的是这泡茶从第一遍喝到第七八遍，像铁观音、乌龙茶类到第七八遍还是有香气，就证明这泡茶很好；像普洱茶，第一遍有香气，到第二十遍还是有香气就证明这泡茶很好。

然后喝了以后还要有回甘，一般有韵味、厚度够的茶，就会有回甘；第四个，活，一进口就马上化掉，活才会化。"

记　者　"就是不能停留在舌尖上有涩感。"

1.　陈升河
　　和
　　老班章

陈升河　　"就是嘴巴某个地方涩，某个地方不舒服，好茶是不可能存在这问题的。整个口腔都要是晶莹的。"

记　者　　"谢谢您用一席话来教会我们更懂得如何去品普洱茶。因为您时间宝贵，我问最后一个问题：前几天我们见到您大儿子陈柳滨先生的时候，他说茶叶干净的要求就是你们用制药的理念在做普洱茶，整个工艺的流程我们也看过了。都说时间就是普洱茶最好的味道，最美的味道，收藏的普洱以后转化沉淀了，能保持干净的味道就是很高的标准了。"

陈升河　　"这个我的感觉是什么呢？大家做茶，工艺都是一样的，都是在做茶，但我们为什么会做得人家都喜欢我们的茶，这一点我很开心，也很感谢喜欢我们茶的人，我总结就是什么呢？就是一点，把所有的细节、最细小的事情去做好它，就行了嘛！没有什么大不了的事情是不是？

我感觉就这样。所以人家是粗粗过，我们就细细地熬，每一点每一点都要来研究一下。不追求做大事，你看那些真正做茶叶的那些大师，全部都是做小事，越小越小、小到人家不做的事情我们去做，就这样嘛，没有什么大不了的！"

第三章　茶与人，
　　　　一种
　　　　历史联结

之前我们在勐海行走的时候，就发现在云南从事茶行业的茶人，有很多来自潮汕，陈升河就是广东汕头人。出生于1951年4月的他，1973年在汕头就开始进入茶业，1986年，陈升河的茶产业发展至深圳，在业内素有"茶痴"之称的他，在做着茶业生意的同时，还专注于茶叶研究。

2006年，全国普洱热潮白热化，为了解究竟，陈升河在这一年夏天带着一行人，深入滇南各座大山，从昆明、云县、凤庆，到临沧、双江、普洱，一城过一城、一地过一地进行实地考察，历时一个多月，行程一万多公里，最终他在西双版纳的勐海停留下来。陈升河带队登上了勐海的每个山头，采摘鲜叶，制作样品，然后带回深圳，扎根于实验室，进行潜心研究。

半年之后，已经五十出头的陈升河做了一个让家人和亲友百思不得其解的决定：他决定放弃占有率达60%的深圳铁观音市场，结束深圳的所有产业，往勐海建茶工厂，"二次创业"。几乎全部人都持反对意见。但一切都不能阻止陈升河的决心："看到那些上百年的老茶树时，觉得它们在这里等了我几百年了，我却到五十多岁才姗姗来迟，我要把余生都安放在这里。"对云南古老的茶山一见钟情的陈升河，仿佛找到精神故乡的赤子，其执拗劲儿九头牛也拉不回。 他在勐海当时未完全开发的工业园区一口气买下150亩地，开始建厂。正当陈升河把毕生家业搬至云南后一年，也就是2007年，全国普洱茶市场进入全面洗牌期，一度崩盘，业界到处风声鹤唳。亲友劝说陈升河，先把做普洱茶的事放一放，"不要工厂建成只能养鸟"。陈升河认定，眼前这一座座古老的茶山，一棵棵千年茶树，不可能因为一次市场调整就万劫不复，历史悠久的普洱茶不可能以后再也没人要了，而且他制茶数十年，就算云南制茶高手如云

1. 陈升河
   和
   老班章

也有绝对的自信。

陈升河没有停下脚步，他走进了老班章村，也自此拉开了陈升号与老班章的结缘序幕。

2008年的老班章是落寞而贫穷的。因为普洱茶行情低迷，老班章村正愁云密布。布朗山中，百年古茶树苍翠依旧，生机盎然，但村民早在春天就采下、已制成干毛茶的一袋袋茶叶，却堆在屋角没人问津，没有一个茶商过来收茶，以茶为生的村民生计更加艰难。来到村里的陈升河震惊于眼前所见的一切，出于坚信自己的眼光，也出于对茶叶的爱惜，对茶农的同情，陈升河决定出资收购当年度积压的茶叶，解村民燃眉之急。短短几天，闻讯送茶来的村里茶农接踵而至、络绎不绝，收购村里在2007年积压的一万余公斤茶叶，就用去了陈升河数百万元。为了让村民与厂里来往更为方便，陈升河决定，在老班章再修建一条山区公路，并与老班章村全体茶农签订了由陈升茶业包购包销三十年老班章茶的合作协议。这可是普洱茶市场生意惨淡，到处愁云惨雾的时候。一进勐海的陈升河，逆势而动，一下子投入了近千万元资金，整个普洱界为之侧目，议论纷纷。

陈升河后来回忆说："当时真的有各种各样的声音，有人冷嘲热讽，有人怀疑旁观，有些关系要好的朋友都劝我，这么做风险太大了，建厂投入了这么多，厂子建好了这些茶卖不出去，那这一千多万不就打水漂了吗？那是你半辈子的心血啊，我们都这把年纪了，何苦这么折腾呢！""我当时也很犟，跟朋友说，我做得起来就做，做不起来就买张飞机票走人，连工厂都不要了。"

第三章　茶与人，
　　　　一种
　　　　历史联结

陈升河经常与后生分享当时的经历，刚开始创办陈升号的时候住在小宾馆里，每顿吃米线，从一碗三块钱吃到了一碗五块钱，最后实在没有办法，就买了电饭锅，在宾馆里偷偷煮稀饭吃。

为提高云南普洱茶品质，确保优质产品的原料来源，陈升河在布朗山老班章村、南糯山半坡村、易武和临沧邦东曼岗村等名山优质茶产地建设高标准茶叶初制分厂，实施茶叶从采摘、初制生产加工、晾晒全程不落地的卫生标准；建透光晒青棚彻底解决了夏茶烘青的技术难题。为防原料霉变和提高卫生标准，向各茶区茶农免费分发了20万条盛装干毛茶的双层防潮编织袋，并赠送5000套泡茶用具。

十年时光倏忽而过，如今老班章茶成为了普洱茶王，老班章村成为云南省标榜的富裕村，一个富得让银行主动上门设点的村寨。老班章茶也成为陈升号的拳头产品。如今茶叶未采摘就有人等着的老班章茶，让人很难想象十年前无人问津的景况，现在富足的老班章村民，其实十年前曾是家境清贫的茶农。少数民族金钱观念并不强，经济富裕依然过着平淡恬静的生活，朴实的老班章村民记得，当下的美好生活，都源自那年的遇见。是陈升河和他带领的人，让曾经久在深山人不识的老班章村和老班章茶叶，仿佛窖藏陈酒被发现，启封之后香气四溢，醉倒闻香识味的爱茶人。淳朴善良的老班章村爱伲人决定通过自己的方式，将这份感激之情表达出来。

在陈升号的一次厂庆活动中，一位年近八十的爱伲族老人代表全村，用爱伲人的最高祈福仪式——拴线来回馈这个老茶人的知遇之恩。老人用古老的爱伲语虔诚地念着祝福语，将线郑重地缠绕在陈升河的手腕上，用手轻拍他的肩

1.　陈升河
　　和
　　老班章

膀，代表村里人表达着感激。虽然民族不同，语言不通，但这一刻，对于少数民族这独有的仪式所蕴含的感情，陈升河眼角湿润，既感叹自己这些年来的辛劳，也为少数民族的晓情重义而动容。其实这些年，陈升河还做了很多很多善事，给村寨修水修路、资助文化广场建设、给小学翻修校舍、在曼马村进行精准扶贫，为少数民族聋哑儿童设立救助基金……至今已捐赠近千万元。

"让每个人都活出生命的高度，我很高兴的是在老班章，陈升号改变的不只是这里的物质条件，而是整个村子的精神面貌。"

"看着这里的山里人，我想起了自己的青年时代，想到了二十多岁时，自己在体制的夹缝中拼命求生存的场景，所以我希望能通过自己的力量，让这里的人们过上不一样的生活。"

这位已年近古稀的老茶人，仍然每天十分劳碌，忙于了解年度各个茶山头的情况，忙于接待海内外闻名而来的茶商、茶人，忙于为各个大学茶专业的学生们上课，忙于带领大儿子陈柳滨、二儿子陈植滨一起，亲力亲为，拼配出符合陈升号"清香甘活"水准要求的茶叶。在陈升号企业文化展示区，我看到老人的身份识别上印着这些字样：云南普洱茶专家、云南省普洱茶协会常务副会长、西双版纳老班章茶研究会会长、云南勐海陈升茶业有限公司董事长。但是这位老人给我的印象却是，在得知我们正在认真书写《遇见普洱》一书、接受采访之后说："你跟我来，我带你看看种在厂里大门内的那几棵茶树。"他从茶树上摘下一片鲜叶，摊在手心用潮汕话说："记者妹，你看这片茶叶，主梗两侧往叶边延伸出去的脉络，是不是一到叶边上就都会卷回来？这完全就不是普通的树叶……"

第三章　茶与人，
　　　　一种
　　　　历史联结

在时间和人文书写的茶史档案里，古茶树一直像守护神一样站在山上。黄昏时分，看着远处连绵的古茶山在暮色中沉静下来，有一种难以言说的意境和情怀。今天我们回望老班章，可以断言，如果没有陈升河的参与，这个区域的历史将呈现出完全不同的模样。

望向未来，陈升河和一直行走在各座茶山之间的茶人们，将继续改变这片土地，以及那些茶叶飘香的地方。人的选择，与出身、环境、际遇有很大的关系，也跟自身的性格、性情有关，岁月沉淀，慢慢地就形成了一个人的胸怀和格局，最后成为一个人的气度。十年来普洱茶市场风起云涌，但以陈升河老茶人为代表的一批又一批的茶人，不管时代如何变幻，总有人一直安安静静地做着茶。

2018年，是陈升号在云南第二个十年的启航之年，陈升河说："我做了40多年的茶，有一个梦想，希望能做出天下最好的普洱茶，人人都喜欢，拿在手上开心，放在家里很自豪，就像是流传千百年的好文章，被后人念念不忘，有一天能够这样，我此生就足够了。"

1. 陈升河
   和
   老班章

2018年，陈升老班章合作十周年座谈会

· 2007年，洽谈陈升号与老班章合作事宜

· 2008年，陈升号与老班章正式签约合作

· 2009年，陈升老班章大道开通

· 2010年，合作三周年座谈会

· 2013年，合作六周年庆典

· 2011年，西双版纳老班章茶研究会成立

· 2014年，老班章村民参观陈升号厂部

· 2012年，合作五周年庆典

· 2015年，合作八周年庆典

2.　百年
　　福元昌老宅
　　的
　　新故事

　　"一座易武山，半部普洱史。"

　　假如从空中俯瞰易武，这是广袤复杂的中国地貌中一个很小的地方，但是假如翻开丰富悠久的中国茶文化史，易武却占有很大的篇章。易武是半部普洱史，而这半部普洱史，记载着易武普洱茶的沉浮起伏、茶号的兴盛没落、茶庄的繁荣湮灭、茶人的生死兴衰……

　　在查阅普洱茶的历史资料时，我们发现有一个关于普洱号级茶的品鉴价值排位的说法：第一名宋聘，第二名福元昌，第三名向质卿，第四名双狮同庆，第五名陈云号。

　　什么叫"号级茶"？

　　号级茶现在被称为古董茶，一般指的是清末到解放初期，也就是20世纪50年代中后期之前私人商号出品的普洱茶。当时的私人茶庄均以"号"来命名，所以生产出来的普洱茶统称号级茶。号级茶以圆茶为主，石磨压制，一饼350克，茶饼不像现在用棉纸包装，而是裸饼，没有内票，但有内飞，七饼一桶，外用笋叶包装，包装顶面有制茶商号标志，上面印着宣传文字和商号负责人姓名。当时主要的知名茶号有：百年同庆号（龙马、双狮）、贡品同庆号、福元昌号（紫票、红票、蓝票）、宋聘号（红票、蓝票）、贡品同兴号（厚纸、薄纸）、宋聘敬昌号、敬昌号、江城号、同昌号黄文兴、同昌黄记（红票、蓝票）、杨聘号、普庆号、车顺号、鼎兴号（红票、蓝票）、易武兴顺祥号、易武永茂昌、福禄贡、思普贡茗、群记圆茶、猛景号、新兴号、云南河内号等。1956年，按当时政策，云南制茶私人作坊全部改制，实行公私合营，没有了私人作坊，也就没有了号级茶，自此普洱由号级茶转入印级茶时期。

易武正是当年号级茶的发源地。雍正年间，清政府设立普洱府以管制茶叶生产，云南贡茶开始走上历史舞台。在各大普洱产茶区中，易武虽崛起最晚，但凭借绝佳的地理优势和茶山资源，普洱茶交易逐渐从倚邦茶区转移到易武正山，易武成为当时的茶叶交易中心，易武大叶种普洱茶，名列六大茶山之首，取代了曼松、倚邦等地的小叶种贡茶，一跃成为皇族贡品。

道光25年（1845年）至民国26年（1937年）九十余年间，是近代易武茶业最兴旺的时期，易武镇作为普洱茶交易和集散中心，商贾云集，茶庄、茶号林立。同兴号、宋聘号、同昌号、同庆号、福元昌、车顺号……数得上名头的茶庄商号不下三十余家，最著名的普洱老字号要数四大家族——同庆号、同兴号、乾利贞宋聘号、福元昌号。这些大茶庄都有相似之处，规模较大，制茶技艺精湛、独具一格，世系传承长久，很长时间内成为号级茶的主阵容。每座茶庄的存在，无不印记着易武普洱茶的辉煌岁月，他们的兴盛沉浮，也存档着易武茶山百年的荣辱兴衰。

福元昌，这个老字号茶庄，便是易武茶风云历史的见证者之一；福元昌圆

2. 百年
福元昌老宅
的
新故事

茶，是目前能找到的最早的易武茶代表作。

福元昌，前身为元昌号，光绪初年始创于倚邦大街，光绪中期迁到易武大街，更名"福元昌号"茶庄，主人余福生。所制福元昌圆茶年产500担左右，主要运销四川省及北方地区，最远还销售到了海外市场。光绪末年，云南南部由于治安恶化，疾病流行，所有茶庄和茶厂几乎全部停产歇业。倚邦的元昌号茶庄和易武的福元昌号茶庄，也相继关门闭厂。1921年，开在易武大街的福元昌号茶庄，再度复业营运。凭借对茶叶品质的用心和勤恳经营，福元昌号声名鹊起。仅1929年一年，福元昌号年产圆茶就高达500担。后人谈到当时的盛况是这样描述的："在易武大街上建起的福元昌号茶庄，整体规模为余家住宅加上前面晒茶和初制所的房屋，有两千平方米，而在春茶季节要晒青的茶叶，会将整个本来宽敞的院落占得满满当当。"

历史上的福元昌圆茶，专门采用易武正山优良大叶种乔木原料、三级以上的普洱茶菁制成。其茶叶厚大、条索宽扁、油光淡薄却茶气强劲，有别于倚邦小叶茶种，充分彰显了易武正山普洱茶的特色。福元昌的内飞分为蓝、紫、白三种，都手工盖上朱砂红印。蓝色、紫色内飞者，属于较阳刚性茶品，磅礴雄厚；白色内飞者，则是阴柔性茶品，幽雅内敛。两者茶性各具特色，一阳一阴，一王一后，让茶客在茶中享受一个独有的世界。《普洱茶记》云："百年福元昌圆茶，享'普洱茶王'之誉。"

当年这些易武老字号的茶近两年还在港台收藏家手里出现过，拍卖行也曾经拍卖过一些号级古董茶，茶叶行家告诉我们，这些古董级普洱茶，价格早已远超黄金。2013年嘉德秋拍，产于20世纪初的福元昌圆茶（一筒七饼）拍出

第三章　茶与人，
　　　　一种
　　　　历史联结

了1035万元/筒的惊人高价：2019年东京中央香港春拍，（一筒七饼）1920年福元昌紫票拍出2632万港元，再一次刷新普洱茶拍卖的世界纪录。此茶以竹心篾包裹，篾上的字迹早已无法辨清。但桶内有内票，呈正方形，标有蓝色图字，周围饰有回纹图案。同时，每饼茶都有一张浅蓝色内飞，手工钤盖朱砂红印，意指此款茶属阳刚性茶品。开汤后，其汤色栗红明亮、水底陈香润化，回甘如泉，茶气强烈醒神，贯通全身。这磅礴雄厚的气势，十足代表了普洱茶的雄壮男性美。这筒福元昌圆茶作为特定历史阶段有着标杆意义的茶品，它的价值早已超过了价格本身，成为研究中国近代普洱茶源流演变和工艺标准的模范。

福元昌，与同时期的同庆号、同兴号、乾利贞宋聘号等茶庄生产的号级茶一起，奠定了普洱茶老茶的历史地位，也奠定了当时的普洱的江湖格局。可惜后来随着历史演变，云南茶业渐渐衰落，众多老字号中顿停业，福元昌号也湮没在历史的尘埃之中。

滚滚的历史车轮碾过，百年后的今天，老字号早已历经许多人事变迁。有的老字号在几次大火中化为瓦砾和飞灰，有的偃旗息鼓之后便一蹶不振，仅有极少数能由后人传承并擦亮招牌。恢弘已成过去，老字号的传奇故事只存在历史资料的零散章节里，或者老茶人的口口相传之中，那个生动的普洱江湖像一本发黄的史册，等着被再次打开。

时间来到2006年，陈升河第一次来到易武。我想象着他其时初见福元昌老宅的情形。曾经茶商云集、门庭若市的福元昌老宅早已经在1986年易手卖给了别人，福元昌后人不知道去往哪里。而且这座百年老宅早在20世纪70年

2. 百年
   福元昌老宅
   的
   新故事

代还经历过那场史上有名的毁灭性的大火，虽然老宅奇迹般没有焚毁于火中，得以幸存下来，但岁月沧桑，老宅子早已破败而沉寂。福元昌老宅，像尘封了一整个甲子的一段往事，静默无言。作为一名一辈子沉浸于茶的老茶人，陈升河的感受我们可以猜度得到。他毅然将老宅买下，随后重金修复，并多方寻访福元昌后人以及与福元昌有关的一切。

其实缘分早就有过伏笔。在见到福元昌老宅十多年之前、茶痴陈升河还在广东的时候，就在偶然之中品饮过民国时期的福元昌圆茶，极品普洱那深红透亮的茶汤，雄厚强劲的口感，让他印象殊深。福元昌号，前世今生注定要从他品过的那一杯茶中，结下念想。

陈升河后来回忆说："我年少时便与茶打交道，在茶行业奔波已有四十余年，也曾想度过一个清闲的晚年，而命运背后似乎有一双无形的大手推着，让我遇见了几乎湮没在历史尘埃中的福元昌号。也许是冥冥中的宿命使然，我寻访到了福元昌老号的后人，我想，复兴百年老号福元昌，可能是我陈升河退休前要完成的心愿。在易武古老的青山绿水之间，福元昌已经传承了一百年，我接过这个担子，必然要去做一件让世世代代的普洱茶人能够传承下去的事情。"

福元昌号创始人余福生的嫡孙余智畅，2008年在陈升河的陪伴下，再次踏进祖宅。他说："太激动了，可又不敢相信。我一进这个房子，所有的前尘往事就都回来了！我祖父的名声曾经影响过一个时代。但后来因为种种因素，我们一直没有恢复福元昌的光彩。我祖父余福生在我出生前就去世了，留下要我父亲传承家业的叮嘱。父亲始终没有忘记这件事，一个八十多岁的人，总是

第三章　茶与人，
　　　　一种
　　　　历史联结

· 170 ·

拉着我的手说："儿啊，你爷爷还没有瞑目，福元昌的茶脉咱们不能断啊！'"

之前余智畅老人从地方上退休后，选择回到易武乡下和儿子一起包荒山种茶，他在做茶的过程中，曾经想方设法从家族所有健在的长辈包括父亲那里，寻找祖父余福生当年做茶的秘方。所幸的是其父亲从童年开始耳濡目染，对当年福元昌的整个工艺流程，仍然记忆犹新。

接手福元昌老宅之后，陈升河和余智畅两个年龄加起来早就超过一百岁的老人，日思夜想的就是福元昌号的复兴，经常夜深了，两个老人还抱着话筒讨论陈升福元昌的工艺确立：如何把福元昌老号恢复到它鼎盛时期的样子，然后借由陈升号进行提升和发展。

整整十年，为了寻回福元昌的滋味密码，陈升河着力梳理福元昌圆茶的原料体系，他根据历史的记载和福元昌号后人的讲述，努力寻找原山原叶——到当时福元昌的选料区域和周边山头上去找，找那些存活百年以上的大茶树，因为它们无论是风土还是树种，都是最接近福元昌真相的"历史参与者"。

"福元昌圆茶，采用易武正山优良大叶种乔木原料制成。"易武正山，这是历史上普洱茶史留下的悬念，这正山的界定标准是什么？是当年制作官茶和贡茶所用茶叶的山头，还是整个易武茶山？是用正宗易武原料制作的茶叶统称，还是一个老茶客一品就会赞叹地说"这就是易武味"的味觉标准？

以易武为代表的古六大茶山区域，自古便是出产好茶的地方。陈升河带着二儿子陈植滨和专业团队，十年间跑遍了易武百分之七十的茶山，用脚步一点一点丈量易武的山山水水，有一些连路都没有、许多年轻人都望而却步的地方，他们也去了。跟着父亲整整在茶山跑了十年的陈植滨总结说："易武正山

2. 百年
   福元昌老宅
   的
   新故事

这四个字，是有着地理标志保护类的概念，做茶，正宗原产地的追求这是最低标准；原料的地道，还要优中选优，加上优质的工艺才能完整呈现易武好茶的魅力。"

而他们要做的是易武茶中的顶级名茶——福元昌的味道。

用十年的时间，父子俩对福元昌号以前的产区、工艺等做了大量的研究和准备，综合易武不同小区域的气候、土壤、植被、地势和树龄等条件，将易武茶区细致划分为顶级产区、核心产区和大易武产区三个档次，为了保证原料的真实性和品质，父子俩跳过原料商，直接深入茶山村寨，和源头的茶农直接对接。

易武出产顶级茶叶的地方，经常都是藏在人迹罕至的原始森林里。顺着蜿蜒在林间的溪流一路深入，植被层层叠叠，物种浩瀚复杂。陈植滨带领的团队，每年都早早看好了山头和时间，估计好数量，只等着茶农进山，一再和他们郑重交待收茶的标准，大小树要分开采摘，采茶之后要在森林里及时炒制、晾晒，制成毛茶，以保证嫩叶离枝之后的鲜度。然后再想办法把毛茶驮下山，每一个环节都层层严格把关，出问题的原料都予以退回。久而久之，易武茶农都知道，无论多少茶样，一般品质的原料都进不了陈升福元昌的茶仓库。

凭着对工艺传承的专注度，以及认真严谨到近乎执拗的态度，一年又一年过去，陈升河父子终于一步步靠近传奇老字号"福元昌"，最终确立了陈升福元昌的风格和方向。

2015年，陈升河在福元昌老宅旧址上正式复办了"勐腊易武福元昌茶业有限公司"，创立"陈升福元昌"品牌，并推出以福元昌老号风格的传世系列为代表的第一批产品。在百年老号的基础上，陈升福元昌遵循古法精工，秉承易武普洱茶的"香、水、气、韵"，完美复刻出福元昌圆茶的传世口感，再现易武普洱的百年古韵。

被埋没了数十年之久的老字号终于在当世重现江湖，熟悉的老味道不仅带给嗜爱普洱、痴迷"老易武味"的茶人们味蕾上的满足，也同时唤起了那段被时间的尘烟淹没了的记忆。品到这记忆中的味道的老茶人说，相较当年，福元昌曾经采摘过的茶树无疑又多长了一百年。在原料上，今天的陈升福元昌相比过去的福元昌老号，又额外获得了近百年的光阴，茶味被时光淬炼得更出色了。

这或许就是历史的选择，而历史的选择，注定要成就传奇，陈升河和余智畅自从会面那一刻起，整整十年为复兴百年老茶号所做的努力，终于落地生根，焕发光芒。

陈升河说："为了能推出完美传承当年老号风格的复刻饼，十年来，我不但喝掉了很多有幸留存的福元昌老茶，而且对现在六大茶山特别是易武的古树茶原料，每年都在不停测试，反复做工艺上的定型摸索。因为你想，做一个全新的企业没有包袱，而恢复一个闻名遐迩的老字号，你只能做得更好才能不负众望，这个起点太高了。"

余智畅说："人生的使命感、荣誉感有时比生命还要珍贵，对我来说，那就是传承。我的心情陈先生理解，他常说——你放心，这茶做出来了，绝不会给你、给你的祖父丢人。这一切竟不知如何形容，重建家业原本是一个梦，在它成为现实的那一刻，我知道我这一辈子，再不后悔曾经来过这世界。"

2. 百年福元昌老宅的新故事

昔日茶马古道，今朝陈升福元昌。陈升福元昌，传承与复兴了福元昌的百年传奇，陈升河不仅让一个百年老号涅槃重生，更赋予了它新的时代生命力。

回望历史，更为重要的意义，是那些渊源绵长的茶庄缔造者们留下的精神财富。先辈那勤劳质朴、胸怀天下、海纳百川、敢想敢干的气魄和胆量，仍然影响着今天的人们。百年福元昌的工艺精神，借由一片片采自百年古树的茶叶，传承了古与今的茶韵，赋予了岁月对人间的真情。对陈升福元昌而言，当下的传奇也会成为未来的传说， 但当下，请让我们享受时光递过来的这一杯茶。

2019年福元昌的商标正式回归百年易武古镇，回到诞生它的百年老宅，陈升福元昌也正式用回本名——福元昌，这既是易武贡茶历史的传承，也是百年品牌的复兴，更是易武大时代的开启。作为时代的印记，这一年，福元昌商标在启用的同时，还打造了两款意义非凡的茶品：致敬历史的"易武圆茶"和开启新时代的"私享易武"。

其实经历了一场大洗牌之后，近年普洱茶业已进入了复苏的局面，易武像普洱茶大江湖中一个著名的山头，再次迎来风云际会的盛况。一些曾经赫赫闻名的老茶号泯灭于岁月深处；一些老茶号后人正努力精进，希望光复门庭，重振雄风；有像陈升号这种带着情怀的大茶企，力求以自身的强健实力输血给已经衰落的老号，以求老号新生；也有茶界新秀，希望以独门剑法自创门户，在江湖占有一席之地；更有看中普洱茶发展前景的土豪级企业，一出手就直接收购茶业老号，让老茶号植入新产品。总之，无论以什么样的方式，当下，普洱茶业正进入复兴上行轨道，群贤毕至、少长咸集。达舜师兄说，讲到复兴，我带你去访一个人。时间是普洱茶最好的味道，他的茶企就叫"岁月知味"。

第三章　茶与人，
　　　　一种
　　　　历史联结

易武小镇的夜，时间像音乐延时播出的节奏，空间上则和繁华的都市夜生活隔得很远很远，因而显得格外悠长而宁静。我随着师兄，去易武贡茶院访"岁月知味"的创始人郑少烘，听师兄和他对坐谈茶，不，是谈《周易》，谈诗词，谈茶人的人生观。下面这一节的时光印记，就是达舜师兄与郑少烘先生的夜谈回忆录，而其时因为水土不服嗓子突然哑掉发不出声音的我，负责泡茶。

2.　百年
　　福元昌老宅
　　的
　　新故事

YI WU YUAN CHA

易武圆茶

2019 己亥年制

普洱茶【生茶】
净含量:357克

【原易武福元昌号茶庄】
勐腊易武福元昌茶业有限公司

易武陈韵
老茶砖

陈升福元昌
Chen Sheng Fu Yuan Chang

 普洱茶【生茶】
净含量:200克
2017丁酉年制

勐腊易武福元昌茶业有限公司
【原易武福元昌号茶庄】

3. 复兴之光，
 一个茶人
 的
 寻茶路

一. 易道：动之以形，载之以道

在写郑少烘之前，我想从我们的一次聊天说起。那天在易武，晚饭后，我们到他的办公室喝茶，话题从"岁月知味"的一款"易道"开始。"易"是不是《易经》的那个"易"？"道"是不是《老子》所论述的那个"道"？他笑着说："没那么复杂，你就当是'易武的味道'好了。"但话题打开后，我们还是谈论起"易"和"道"，这倒也符合老郑的风格，口才极好，逻辑清晰：凡事有个由头，由浅入深，再化繁为简。

"易"是"生生之谓易"，是变动不居。变与不变，对于一位心怀"复兴易武茶"的茶人来说，是个严肃的话题。世间万物，若从小处着眼，一瞬何止万变；若从大处着眼，则一万年太短。易武作为中国茶马古道的起点，中国贡茶的故乡，历经沧桑幻化。其茶，繁华时，是皇家御饮；世变时，则沦为柴火。其中意味，是否有种变动不居的规律？

有，变就是不变的规律。

第三章　茶与人，
　　　　一种
　　　　历史联结

"作为一种后发酵的产品，易武茶有越陈越香、越香越醇厚的特点，但需要耐心，时间是一把钥匙，同时也是生锈剂，关键看你如何对待它。相对酒，比如茅台，它有特殊的工艺，陈五年后，通过勾兑，就是一瓶好酒。普洱茶需要的时间要更长，人的时间是减少的，普洱茶的时间却是增加的，当然不是说普洱的陈放期是无限，只是相对于人来说，它的寿命要更长点。"少烘说。

作为易武"岁月知味"茶品牌的创始人，郑少烘对于普洱茶有自己的一套见解。

话正进入主题，突然停电了，整个易武陷入一片漆黑之中，室外应急灯亮起，给室内带来些许光亮。

走出门外，一轮将圆的月亮挂在古旧的屋顶，居然充满意外的诗意。

茶是喝不成了，现代人的煮水工具全靠电，即使在易武这个西南僻远小镇。"何不秉烛游？"游，是没有什么地方可去的了。点起蜡烛，继续刚才的话题。

"易武茶可以往后看，和人类一味往前看刚好相反。普洱茶的风华因时光而渐露，当三十年、四十年后，你在书柜的某个角落发现一饼陈茶，你开始回忆这饼茶的来历，某位红颜知己所送？回忆一打开，就难免有桃花依旧、佳人何在的感慨，这时水煮开了，冲泡之间，充溢的是时间赐予的味道，那种香气可谓深香。深香是什么香？它不存在于当下的任何一种事物，它是时间在一种叫普洱茶的树叶的转化过程中带来的复杂味道，它既有线索可寻，也有既是又非的迷离。"少烘说。

"总结的真是太好了，我知道你喜欢杜甫，又喜欢李商隐，这种描述，简

3. 复兴之光，
   一个茶人
   的
   寻茶路

直有种'只是当时已惘然'的美。是不是你也有这种经历？说笑啦，我们还是聊聊茶吧。"我打趣道。

"经历谁没有呢？经历经时间打磨，上升为审美，才能诗意地表达。刚才说易武茶是陈茶的起点，也是陈茶的终极目标。为什么这么说呢？首先它有它的历史基因，是历史上的贡茶之一，到清朝达到鼎盛时期，说明它有极好的品质；现在市场上偶尔还会出现百年以上的陈年普洱茶，从票号、印号上考证，都说明它们是真的，而且品质依旧优秀，更有另外一种风味。另外一方面，历史的种种原因，导致易武茶没落了，直到20世纪90年代，一批有历史感的台湾茶人到了易武寻根，易武茶文化才开始传播开，我称之为易武茶复兴的起点。"

"何谓终极目标？"

"后发酵的特点决定了易武茶在发酵过程中可以和时间共生。我们经常说人生是和时间赛跑，那是因为人生是向死而生的，是短暂的，必须在时间里走向最终的归宿，而易武茶在时间里越存越香决定了其收藏的价值，它可以是你蓦然回首的邂逅，也可以是你一生的相守，较之于人的终将老去，茶显示了它的生命力。"

"这是不是你为公司起名'岁月知味'的原因？"

"大概是基于这个想法，但越到后面，理解就更多更清晰了。"

"清晰到近乎道而不可说了！"

"也没有那么玄。把茶回归到一种日常必需的日常饮品，就要讲清楚它的特点特性，要讲清楚这些，必然涉及到风土人情和社会历史，讲清楚这些就是

第三章　茶与人，
　　　　一种
　　　　历史联结

茶文化。文化是属于人类的，茶的文化就是人类的生活文化，如果讲文化，没有一点高度，怎么行呢？"少烘说着说着就笑了起来。

烛影微晃，在这样的氛围里聊天，别有一番风味。

他的笑有一种腼腆和孩子气，让我想起老子的一句话："专气致柔，能如婴儿乎。"

他这种对事物的细致分析能力、心无旁骛的做事态度，在复杂的商业环境中显得格外珍贵，如婴儿的世界，柔软而温润。

"那是，高度不仅是讲故事，更是一种格物致知。我们回到易道的话题吧，虽然无法煮水，喝不了易道。我们姑且把'易'简易为'易武'，那'道'就真的仅仅是'味道'吗？'易道'是'岁月知味'的高端产品，也寄托着你的梦想，这难道不就是一个味道以外的'道'吗？"

"道可道，非常道。道是不能言说的。但如果非要言说，那道的另外一个含义就是我选择的道路，我选择了做茶这个行业；易也有简易的意思，那么，易道，就是一条通往易武茶的道路，大道至简，就是要专一专业，化繁为简，易道就是一条纯粹的茶路。"

听他这么解说，我禁不住想鼓掌。这时来电了，屋内瞬间光明，眼睛一时有点不适应。

师妹妙芳说："哇，有茶喝了！"

《易经·系辞》有言："形而上者谓之道，形而下者谓之器。"茶作为一种饮品，是器；作为人类生活品质的一种方式，上升到审美和文化的高度，则是道。

3. 复兴之光，
   一个茶人
   的
   寻茶路

在我看来，郑少烘做茶，其内心理想，肯定是奔着一个"道"而为的。

二. 剑气箫声：宁无心事对青山

我竟然不记得是怎样认识少烘兄的了，我想，唯一的可能就是那天我喝多了。

我是一个不懂得在短时间内和一个陌生朋友拉亲近的人，特别是商界人士。这可能是由于我和这个界别离得比较远，更多的可能是性格使然，毕竟我是个以书写为志业的人，大多时候面对的是自己的内心。

后来我又想，也许这些假设都是错误的。今年四月，我们去了一次云南采风，少烘兄陪我们去易武七村八寨拍摄和做直播，我刚好和他同车，其中他接了个电话，我却分明感知他要说的每句话，这让我有点害怕。

小时候读《红楼梦》，读到林黛玉进贾府，宝玉一见面，就大呼："这个妹妹我曾见过的。"

人类的交往，真是个神奇的事情。如果不是为了某种目的，每种遇见，都是因缘和合而生。

然而，我们终究是在某个场合认识的，没有那么多的玄妙。我们的手机备忘录有我们的诗歌的唱和录，只是大多背影已经模糊了。

那也好，像是剥洋葱一样，一层一层地剥，即使最终是空无一物，但那恰恰是生命的真相；其过程的艰辛刺激，回归本源后，就是生命的追问。

某一天，晚间翻朋友圈，读到郑兄的一首诗：

第三章　茶与人，
　　　　一种
　　　　历史联结

求田问舍为身安，

茶饭相伴愧杜康。

莫问廉颇能饭否，

宁无心事对青山。

不由大为感慨，这是一个大茶商应该写的吗？转而又感动了，一个能自问生命周期，安然静对青山的人，这需要多大的修为！禁不住和了一首：

草树烟供各自安，

寻香问道君亦难。

一壶花雨千般味，

洗尽铅华万仞山。

感谢少烘兄引以为知音，自此诗书唱和，时有往来，古人是纸上，我们却是微信。

而引起我兴趣的是郑兄诗中的"杜康"和"廉颇"，这两个典故几乎是中国古代诗人奋发和感叹岁月不居的最爱。

陶渊明《饮酒诗》其十二：

去去当奚道，

世俗久相欺。

摆落悠悠谈，

请从余所之。

　　分明就是少烘兄所要表达的"宁无心事对青山"，青山或许无语，但"请
从余所之"，但问题来了，少烘的志业可是一个茶人，一个茶商，如此抒写，
有多少人能理解呢？是不是有人觉得这又是一种卖弄或矫情？

　　至少我觉得不是的。后来我们在东莞的一次交集，印证了我的看法是对
的。少烘兄给我看过他的一首五十述怀诗：

　　"2015年深圳秋季茶博会，是'岁月知味'创品牌十年，又恰逢五十岁
生日，回首第一个十年走过的路，颇有感慨，赋韵文一首以述怀。"

　　　青衫皂帽过天南

　　　碌碌生涯解命难

　　　商海半生勤耕读

　　　名山十载味苦甘

　　　诗书老酒谁共品

　　　琴剑江湖我独还

　　　研墨添香人未老

　　　无由一饼任流传

　　他写这首诗时，我们还不认识，我从诗中，试图去解读他前半生的经历，

第三章　茶与人，
　　　　一种
　　　　历史联结

商海耕读，琴书诗酒是他人生的基本构成，但如诗序所述，"岁月知味创品牌十年"，他进入茶业，颇有感慨，但还是相信"无由一饼任流传"。

一饼要流传，实非易事。

郑少烘走的是一条知行合一的茶商路。有一次我专门问他："你如何给自己定位？茶人，还是茶商？"

他云淡风轻地说："首先我是个商人，我从事商业多年，积累了一定的商业经验和资本，是经过深思熟虑才选择了茶行业。茶叶作为一种商品，首先需要流通，流通才有价值。茶农需要有收入，才能维持生活，需要有更高的收入，才能发现茶树是个宝，得好好保护，这必须有个良性循环，所以我决定从事茶业，首先给自己的定位就是茶商。"

"那茶人和茶商有什么区别？"

"在我看来，茶人首先是个专业人士，对茶有深刻的理解和充分的热爱，才能有毅力做下去。茶商既可以是从事茶叶买卖的人，也可以是从事茶行业的人，后者能成为茶商无疑要更有价值。"

"怎么说？"

"比方说，历史上有名的茶号，基本上涵盖了收茶、开厂、制茶、储存、品牌定位和销售各个环节，这既能保量保质，起到品牌效应，又具有定价权。"

"这么说，我明白你的意思了，你之所以创立'岁月知味'这个品牌，你之所以定位自己是茶商，其实是抱有深远的希望的。"

"可以这么说吧。"

3. 复兴之光，
   一个茶人
   的
   寻茶路

郑少烘早年从事商业地产，法律专业出身，深知品牌的价值。由于有充足的资金储备，他是既做茶又藏茶，因为他相信好的易武茶会在时间里价值倍增，无论是饮用价值，还是金钱价值。

说到他是个知行合一的人，这不能不说他的人文情怀。

2005年郑少烘踏上了易武寻茶之路，为了他心中"易武复兴"的梦想。我没有仔细问他寻茶的艰辛，但偶尔他提起走七村八寨的时候，都禁不住神采飞扬起来，刮风寨的飞尘漫天，茶王树的一线悬天，多依树的高杆孤单，所说的是茶，而历尽千辛万苦的是人，简直是一段段修行之路。

"好茶的获得是不容易的，某种遇见，是你矢志不渝后的因缘和合。不是贵的问题，是稀有，是一种天赐的礼物。"

如果有所谓的禅茶一味，这种探寻也应包含其中。

后来我陆续读到他寻找各个山头茶留下的诗句，这已是把茶的品质人格化，以茶喻人，化己为茶了：

寻香问味为哪般？
十载天南情不堪。
老眼春来观世路，
蛩鸣夜半独凭栏。

而他在多年寻茶、研究茶之下，逐渐形成他个人对易武茶的理解的理论体系。为了让更多的人了解易武茶的特质，他写了系列文章"易武解码"，深入

第三章　茶与人，
　　　　一种
　　　　历史联结

浅出，让人印象深刻。特别是他提出的"花香带"、"蜜香带"、"野香带"田野考察理论建构，无疑给后来的研究者以很多的启示。

从日常的接触中，我觉得郑少烘是个学者型的儒商，他骨子里是传统的文化人，研究杜甫，热爱苏东坡，笔下诗句更时时有"玉溪"（晚唐著名诗人李商隐，号"玉溪生"）的深秀韵味。他更勤于临池，取法乎上，以苏东坡浑厚潇洒的面貌示人。

有一天晚上，我翻开他的朋友圈，一首《正在王观堂》，也许正能体现那一刻的心情：

> 山寺微茫背夕曛，
> 鸟飞不到半山昏。
> 上方孤磬定行云。
>
> 试上高峰窥皓月，
> 偶开天眼觑红尘。
> 可怜身是眼中人。

三.知行合一，深耕岁月方知味

"春天，我常常漫无目的地流浪在易武的山上。"

这样的言语承载的，是话语者达到何种情感饱和度，才会在这片土地上如

3. 复兴之光，
一个茶人
的
寻茶路

此行走，一如热恋中的人一样的行止。

而这种状态郑少烘已经整整持续了十几年。

在这一个停电的夜里，达舜师兄和少烘先生秉烛夜谈，不过只持续了两三个小时。安心泡茶的我，却已感受到眼前这位年过半百的茶人，在易武茶山持续行走十几年之后，已经深深地爱上了这片土地。

艾青说："为什么我的眼里常含泪水？因为我对这土地爱得深沉……"

少时读这样的句子，一直无法产生共鸣。走近茶人，才知此言非虚。人的感情是一个积累的过程，对所爱物事越了解，就会越沉醉。中年茶人的情感，像极一饼易武古树茶，随着岁月转化、沉淀、升华，而后变成一杯醇香的茶。

每一个年度，郑少烘都用许多的时间，去亲近易武的一个个山头，试着用自己的本心，去读懂易武的山和树。

对于郑少烘来说，茶叶是一种特别的叶子，它不仅是带着植物性、商品性，还是有灵魂、可以对话的东西。

"岁月知味"，用了"知"这个字，就是他要把自己主动去感知世界的主观放进去，用他自己的话就是："知就是去认识去感知，不只去感知岁月留下来的味道，还要去感受茶叶的味道。不但要知新味，还要知老味，不但要知时间的味道，还要知易武的味道。"

然后把这种感知放进"岁月知味"的每一饼茶里面去。

易武有着厚重的历史，时光在大地上缓缓流淌，赋予了易武每一座山头独特的韵味。知行合一，既然知晓了山的秘密，懂得了山的禀性，郑少烘从2005年创立"岁月知味"品牌之始，就将选料重点放在易武茶区。

第三章　茶与人，
　　　　一种
　　　　历史联结

每年的易武茶区毛茶产量约为1000多吨，除去立夏与白露之间大约300吨的雨水茶，剩余总量大约还有近1000吨。"岁月知味"每年能稳定地从这些优质的普洱毛茶中收购三分之一以上的茶叶，这些茶叶基本出自海拔1200米以上的茶区，在接受最严格的有机农产品检验之后方可入库。

作为在易武茶区深耕十几年的茶商，郑少烘在麻黑、高山寨、茶王树和弯弓建立了四个有机认证基地，2012年起，他还加速向景迈、贺开、南糯山和临沧等优质茶区渗透，买断采摘权、购买古树，掌控了这些山头的核心资源。所有这些可供长达十年制茶的储备，可以支撑"岁月知味"在以后的岁月中进行茶叶的规模化运作。

易武的茶树树龄普遍偏高，是稀缺的资源；易武出产的茶曾为贡茶，历史的认证可以保证茶品的优良基因；易武茶区的产量比起同类型茶区更大，且片区中出产的茶呈现柔美特点的同时，还拥有不同的变化，能承载起市场不同的量化和需求。

"对茶叶的认知和情感只有落实到商业模式，才可能有持久性。"郑少烘毫不掩饰地说。

受各种因素影响，嗜茶之人在寻茶品茶藏茶的过程中，能遇到打动自己味觉，留下深刻味蕾记忆的普洱茶并不多见。郑少烘从接触普洱茶到真正进行品鉴收藏，到创立"岁月知味"，越来越深刻意识到，唯有自己做出高品质的好茶才对得起自己，对得起创立品牌的初衷。

事实上，十几年的守候不长，但也不短，郑少烘认为，寻找好的普洱茶源和做出好的普洱茶叶，就像一个人自我修为的过程，认真做事的人只要坚持

3. 复兴之光，
   一个茶人
   的
   寻茶路

站在自己的认知上，知行合一，只管一步步去做就好了。真正的普洱好茶需要时间的发酵和岁月的酝酿，长久的时间和良好的储存会令人等到充满惊喜的好茶，做普洱茶生意的人都懂得普洱越陈越香的特性，所以都能耐得住寂寞。

"做事情还是不能马虎的，如实把易武茶天赋的特性韵味传播出去，让整个品牌和事业更纯粹一点。"

如今，让郑少烘颇感得意的是，"岁月知味"成立至今已成为业内唯一的纯正易武区规模最大、老茶存量最多的企业，并拥有易武千亩古茶树的有机认证。

十几年时间，弹指一挥间。往事历历，所有的执念与和解过程，被时间长河一拉伸，慢慢地形成了一个人独具的气质和内涵。每个个体都是不同的，对生活、对文化、对历史、对俗世、对这个世界的人、物、事的思考和悟道，往往随着岁月的推移有着不同阶段的表达和演绎。爱茶制茶的人，还会把这种认知渗透进自己待人处事格物的每一个出手之中，一如普洱茶，随着时间的推移，发生着许多神秘的变化。时间，让普洱茶的转化变幻无穷，最终抵达各种陈香，优雅而内敛，而这种有着良好根基的优良转化也会进入到每个爱茶之人的感官记忆之中，成为一种专属于他们的私人之瘾。

"岁月沉积，人生知味。"郑少烘说，"我的感受全都在这八个字里面了。"

从易武贡茶院出来已夜深，一轮明月照着小镇的夜。我们行走在易武的长街上，感受着茶山脚下夜的清凉。摄影师阿哲用单反长焦镜头对着这枚月亮不断地推拉着，忽然很感慨地说："做茶的人其实都很辛苦，回去之后好好找几饼茶，学习如何去用心品一品。"

第三章　茶与人，
　　　　一种
　　　　历史联结

对于热爱品茶的人来说，寻找最能打动自己幽微神秘的味蕾需求的茶叶，是一年复一年的味觉寻香之旅。对茶人来说，找到能寄载自己对茶山的解读、茶叶的诠释、工艺的表达的茶叶，是一年复一年的不息追求；而对兼具前二者身份的茶商来说，茶就是江湖，或以茶寄志、或以茶问禅，或以茶为自己的起点，亦或以茶为自己的归宿。任谁也无法一语简单叙述茶与人的关系。

一切都在不断的变化之中。人如普洱茶，人与人的差异，一如茶与茶的差异。茶如此单纯又是如此深邃，只有饱经岁月沧桑却又保持着赤子之心的人才能与之相提并论。茶叶的美好与随时间沉淀下来的精华，值得爱茶的人，年年岁岁细细品评，慢慢认识。

从易武返回勐海的路上，我不禁问老陈："为什么你如此钟情讲述易武？勐海茶厂大益的雄霸天下、下关茶厂的风花雪月、澜沧古茶的新军崛起、雨林古茶的品牌营销、冰岛的天价，等等，不也都是产业标杆吗？"老陈傻笑说："它们都是这个时代伟大的企业，就像大益已经是'宇宙最大'的普洱茶品牌这个事实一样不容置疑。但是，站在时间的长度去看待当下，只有易武，可以容下所有人的野心与功名。它，不仅是百年贡茶古镇、茶马古道的普洱茶发源地，当今世界上所有拍卖会的古董普洱茶、号字级茶，基本都来自易武，易武不仅是普洱茶价值的制高点，更是普洱茶文化的源泉，也是当今保存风格最完整的古树茶产区。

普洱茶就像葡萄酒，易武是法国、易武是勃艮第，无论你从新世界的红酒还是旧世界的红酒开始喝起，最终，你都会沉迷于勃艮第。因为，品味，是一切的终极选择。"

3. 复兴之光，
一个茶人
的
寻茶路

普洱茶的生产工艺和品饮方式

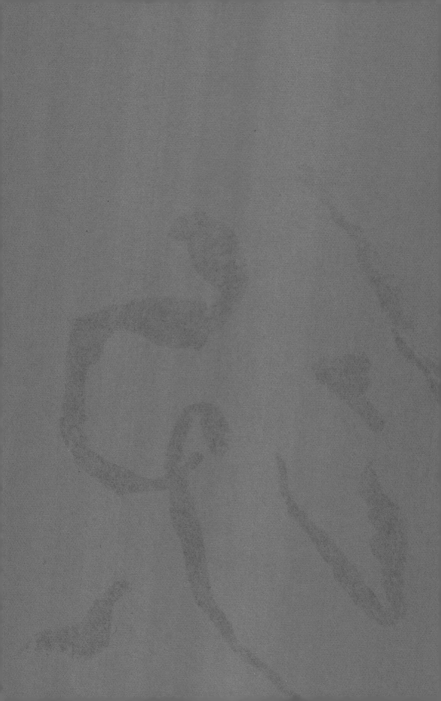

1.

每一片
茶叶
都
来之不易

2.

用
数据
说话

3.

东莞
不产普洱，
却
藏住了
普洱

4.

开启
普洱茶
品饮时代
的
中期茶

5.

啜苦咽甘，
香水气韵

6.

普洱茶
是
一种
生活方式

云南存活着最粗壮、最久远的古茶树物种资源，是世界茶文化最原始的根；是活着的茶文化"鼻祖"；是人类发现、利用、驯化、培育、传播、发展茶业的脉系的活文化；是滋养世界茶业文明、催发茶文化萌发的生长源泉。

——摘自《云南古茶树资源保护与利用研究》

踏上云南土地，我们想象中的云南，是三月春风拂面，所有山头该是绿意尽染、云蒸霞蔚的景象。不意抵达西双版纳，一股股热浪扑面而来。待到深入到各座古茶山去，遮天蔽日的原始森林中，古茶树错落铺排，绵延直至视线所不能及处。但是明显地，今年云南遇上干旱气候。茶农们都在盼望着，老天能下一场湿透茶山的雨。

大自然偏爱云南，赋予了这里绮丽的山河、独特的地貌、热带的气候和勤劳的人民。茶农们傍茶山而居，以茶为生，与茶山共繁衍。这块千年沧桑的土地，给予它的子民以大山般宽广的庇护，而居住在这里的茶农，用自己的方式，珍而重之地对待每一片来自古茶树的叶子。

第四章　普洱茶的生产工艺和品饮方式

1. 每一片
    茶叶
    都
    来之不易

如果用一种气味来形容这里，那一定是茶香。

和中国所有乡村的农民一样，云南本土茶农，似乎天生就有知晓天时地利的能力。他们深知，经过一个冬季的休养生息，山头深处的古茶树已积蓄了足够多的养分，在春天将绽开新芽，这时采摘的春茶品质最高，是制作普洱茶最佳的原料。

一片茶园的生命，完全取决于茶叶；而茶农一家的生计，也取决于春茶的质与量。春茶采摘季节，茶农家的女子早早就出了门，戴着头巾，背着布兜，走遍山头。晚上，她们采摘了满满一箩筐的茶叶，回到家里，交给家里的男主人，准备制茶。普洱茶整个工艺流程，便自采茶始。

普洱茶以云南大叶种茶树鲜叶为原料加工制作而成，各个山头的普洱茶普遍具有味浓、耐泡、香醇的特点。不同历史阶段，普洱茶的加工工艺虽然流程近似，但加工细节却是异彩纷呈，千姿百态。清代到民国期间，传统普洱茶主要由各大茶号茶庄的制茶作坊制作加工，随着工艺逐渐成熟完善，形成了后来普洱茶独特的加工制作风格。民间普洱散茶则多由茶农自家经过采摘、摊晾、杀青、揉捻、晒干等多道环节制成晒青毛茶，而后经适度渥堆、再晒干、筛分而制成普洱散茶。

第一，普洱茶晒青毛茶制作工艺全过程详解

（1）采摘

普洱茶原料的品质，决定了茶品最终的品质上限。而茶叶质量则是由茶树品种、生长环境的生态水准，还有树龄等因素综合决定的。云南大叶种普洱茶，通常分春夏秋三季采摘，春茶最好，秋季次之，夏季采摘的茶叶最次，一般以一芽二叶至四叶为采摘标准，三叶为较均衡的采法。

其实不论何种茶种，茶农们最重视的都是同样的时间节点——明前。清明之前经常春雨霏霏的天气，让茶叶得到充分的滋润。春茶能采三拨的话，明前早发的茶芽和嫩叶是最珍贵的原材料，这时采摘的茶叶无论香气还是茶的内质都属上乘，明前茶经常能采上两拨，到了清明之后，第三拨发出来的新叶，品质就会下降一个档次。

云南普洱茶产区的鲜叶采摘，多以纯手工方式进行。采摘鲜叶时必须使用正确的手法，若是采摘时手法不当，使用"撕扯"的动作，便会连带撕下部分枝皮，毛茶制成后叶柄根部会形成状似马蹄的结构，名曰"马蹄口"。

在采摘的过程中，为防止鲜叶变质，茶农们都会遵循以下的标准：

①采摘时为使芽叶完整，不可紧捏芽叶，放置茶篮中不可紧压，以免芽叶破碎、叶温增高；

第四章　普洱茶
　　　　的
　　　　生产工艺
　　　　和
　　　　品饮方式

②采下的鲜叶要放置在阴凉处，并及时收青运往茶厂，每天至少中午、傍晚各收送一次；

③运青的容器应干净、透气、无异味；

④运送鲜叶过程中，容器堆放时不可重压。

寨子里的老采茶人，还懂得保护老茶树，采摘时尽量"手下留情"，不过度采摘，以便来年古茶树蓄积力量再次发芽，源源不断地提供高品质的老树茶。

（2）摊晾

鲜叶采摘后，茶农会将鲜叶均匀地摊铺在竹簸箕上，并尽快摊开，目的在于减少鲜叶与枝梗的含水量，降低叶面的温度。鲜叶在摊晾过程中逐渐变软，这为下一步的杀青工序奠定了基础。

（3）杀青

杀青是整个普洱茶制作过程中最关键的一个环节，将摊晾过的茶叶，利用微火在锅中不断翻炒，使茶叶萎凋，从而令茶叶水分快速蒸发，并去除青草味，达到钝化茶中酶的活性，抑制茶叶发生氧化、发酵的目的，又完全保留了茶汁的精华。

杀青传统工艺采用铁锅杀青，现代用滚筒杀青较为普遍。大叶种茶含水量高，杀青时必须闷抖结合，使鲜叶失水均匀，达到杀透杀匀的目的。炒茶分生锅、二青锅和熟锅，三锅相连，序贯操作。炒茶锅用普通铁锅，砌成三锅相连的炒茶灶，锅呈25度～30度倾斜。炒茶扫把用毛竹扎成，长1米左右，竹枝一端直径约10厘米。生锅锅温180℃～200℃，一般投叶量0.25公斤～0.5公

1.　每一片
　　茶叶
　　都
　　来之不易

斤，叶量多少也视锅温和操作技术水平而定。

对这"三锅"，当地茶农概括为三句话："第一锅满锅旋，第二锅带把劲，第三锅钻把子。"

第一锅的炒法是用炒茶扫把在锅中旋转炒拌，叶子跟着旋转翻动，从而均匀受热失水；要转得快，用力匀，结合抖散茶叶，时间约1到2分钟。待叶质柔软、叶色暗绿，即可扫入第二锅内。二青锅主要起继续杀青和初步揉条的作用，锅温比生锅略低。因茶与锅壁的摩擦力比较大，用力应比生锅大，所以要"带把劲"，使叶子随着炒茶扫帚在锅内旋转，一点点搓卷成条，同时要结合抖散茶团，透发热气。当叶片皱缩成条，茶汁粘着叶面，有黏手感时，即可扫入熟锅。熟锅主要起进一步做细茶条的作用，锅温比二青锅更低，约130℃～150℃。此时叶子已经比较柔软，用炒茶扫帚旋炒几下，叶子即钻到扫帚竹枝内，有利于做条，稍稍抖动，叶子则又散落到锅里。这样反复操作，使叶子吞吐于竹帚内外，把杀青失水和搓揉成条巧妙地结合起来。这与炒青绿茶先杀青后揉捻的制茶技术显然不同，既可以利用湿热条件下叶子较柔软、可塑性好的机会，促进粗老叶成条，又可以克服冷揉断梗、碎片、露筋等弊病。炒至条索紧细，发出茶香，约三四成干，即可出锅。

人工炒制的茶叶一般都较完整、鲜亮，口感比较清纯；机器炒制的茶形不是很好，并且因为不能控制力道的轻重度而会产生断裂或过火现象。

（4）揉捻

揉捻是用手反复搓揉已杀青的茶叶，使其成为条索状。

茶叶杀青后叶片水分分布均匀，叶片的韧性也得以提高，但揉捻的方式

第四章 普洱茶
的
生产工艺
和
品饮方式

须视茶叶品种、气候、海拔、萎凋及所需之茶汤而定，灵活用手掌握力度，嫩叶要轻揉，揉的时间要短；老叶要重揉，揉的时间略长；生长在海拔高地的茶叶，香气较显著，短时间轻揉即可；欲得香气多之茶汤，则揉捻须较轻，时间须较短。欲得味浓之茶汤，则揉捻时间须较长，压力须较重。另外，揉捻时间与压力也要结合一年中各季节及所求之目的而定：例如年中某月份香气较显著，则时间既不能太长，压力亦不宜太重。反之，某月份因生育迅速，茶叶缺乏香气，则应以滋味为主要目的。

揉捻的作用主要是改变形状。在揉捻过程中，揉捻叶在揉桶内受到平压和曲压两种力的作用，茶团滚动，叶团内部叶子受到挤压力发生皱褶，由于主脉硬度较大，叶片皱褶纹路基本上与主脉平行，并向主脉靠拢，卷曲成条，揉捻叶在轮流通过揉捻量最大压力区时，部分叶细胞扭曲破裂，被挤出茶汁附在表面上，增加了叶子的黏结性。茶叶中的水溶性物质的数量影响着茶汤浓度。

仅仅一个揉捻工艺，可能就会生产出口味千差万别的茶。这要求制茶的人每一道工序都必须认真对待，细加斟酌，才能找到最适合的手法。

（5）晒干

晒干是利用阳光来晒干茶叶的水分。一般是利用竹簸箕或篾席将茶叶薄摊在阳光下晾晒，晒至茶叶干至90%左右为适度。现代大都用机器来干燥，完成干燥工序后就成了普洱晒青毛茶，它既是可以饮用的成品茶，又可经拼配后制成普洱紧压茶品，还可经过渥堆工艺制成普洱熟茶。

普洱老茶客偏爱生普甚于熟普，原因在于普洱的"茶性"在生普中保存得更完整，个性更加鲜明。资深的老茶客能在每一饼生茶中，喝出年份的湿旱、

1. 每一片
   茶叶
   都
   来之不易

茶山的差异、不同年度茶叶的质素，他们似乎能感知大自然的变化是如何体现在这七两一饼的茶饼之中的。

随着熟茶工艺的成熟，熟茶因其醇厚浓郁的口感，现在也深受茶客欢迎。多年茶客多半会"饮熟茶、品老茶、藏生茶"。

第二，普洱茶熟茶制作工艺全过程详解

（1）渥堆

渥堆就是将晒干毛茶堆积保温5天～6天或更长时间，是普洱茶色、香、味品质形成的关键工序。一般是先给茶叶泼水，使其吸水受潮，然后堆成一定厚度，让其自然发酵。经过若干天堆积发酵以后，茶叶色泽变褐，出现特殊陈香味，滋味变浓而醇和。

渥堆过程还要视制作地的温湿度与通风情况进行数次翻堆，使茶菁充分均匀发酵。若堆心温度过高会导致焦心现象，即茶叶完全变黑炭化。茶菁含水量接近正常时，茶叶霜白现象褪尽，便不再继续发热。此时通过散堆、除杂等工序，即得普洱熟散茶。

（2）晾干

渥堆达到适度以后，用篾席把茶叶在室内摊开晾干，使渥堆后的茶叶散发水分，自然风干。

（3）筛分

经渥堆干燥以后的茶叶，先要把它松散开，用筛、簸、捡等方法扬去细片

第四章　普洱茶
　　　　的
　　　　生产工艺
　　　　和
　　　　品饮方式

碎沫，捡剔出老梗进行分档，然后制成普洱散茶。接下来再将散茶分出粗细、大小、长短，根据所做茶的花色可拼配再加工制作普洱圆茶、砖茶、沱茶等紧压茶。

目前熟茶制作方式，除了上述传统潮水渥堆之外，还有小堆发酵、喷雾式增湿、菌类发酵等。随着工艺水平的发展，有不少业者在进行着各种实验，并运用到实际生产中，未来普洱熟茶的制作工艺仍有相当发展空间。

以传统渥堆熟茶工艺制作的熟茶被市场广泛接受的，多数是产自云南西双版纳州。除了茶菁质量与技术外，还因为版纳地区气候十分适合渥堆过程中的菌类生长繁殖。虽然许多勐海熟茶品的茶菁是来自临沧地区南部，但发酵制作仍以版纳勐海为主。而在发酵过程中，版纳地区的渥堆味也较不刺鼻，没有酸腐味，其中的关键是与当地水质、技术及发酵时参与作用的菌种有关。

第三，普洱茶紧压茶制作工艺全过程详解

六朝以前，云南普洱茶的形状是以团茶（饼茶、沱茶）为主，原因是便于储藏以及运输。单饼357克，七饼为一挑，其实就是五市斤的茶叶分成七片来包装。七在少数民族地区是一个吉祥的数字，代表着谦虚、进取之意；而在后来的长途贩运和交易中，七饼一挑也方便计算和骡马驮运。普洱七饼一挑就这样约定俗成，沿袭下来。

经过拼配后的普洱茶生熟茶品，经过紧压工序，即可制成普洱紧压茶（饼、砖、沱）。现代普洱茶紧压方式有手工石模压制和机器铁模压制两种。

1. 每一片
   茶叶
   都
   来之不易

· 紧压茶加工

传统普洱紧压茶有各种花色品种。其制作工具主要有特制的铜蒸锅、茶袋、梭边、精工打磨过的揉茶石，加热后可产生集中蒸汽的盖实严密的铁锅、锅盖、凉架、竹箩、压茶石鼓、包装纸、笋叶等。操作中使用木贡杆、棒槌、石鼓、铅饼、推动螺杆等为手工工具。制作过程分装茶、蒸茶、揉茶、称重、压茶、解茶、晾茶、包茶等工序。一般由多人组成一个加工组，装茶和揉茶的技术要求较高，一般由茶号、茶庄专门聘请的加工师傅制作完成。

· 圆茶加工

传统普洱圆茶于清雍正十三年(1735年)开始生产至今。传统普洱圆茶制作选上好茶叶为原料，放入铜蒸锅中，使散茶受蒸而变软，再将蒸软的散茶倒入特制的三角形布袋中用手轻揉，并将口袋紧接于底部中心，然后放入特制的圆形茶石鼓中，压制成四周薄而中央厚、直径约七八寸的圆形茶饼，即为传统普洱圆茶。包装时每七个圆茶以笋叶包作一包称为"筒"，传统普洱七子圆饼茶之名由此得来。传统普洱圆茶十二筒为一篮，又称"一打装"，两篮为一担，一匹马驮运一担，约重120斤，曾大量销往海内外。

· 砖茶加工

传统普洱砖茶制作选晒青毛茶作原料，砖茶的制作加工同圆茶基本一致。加工制作时将原料茶放入铜蒸锅中蒸软，然后倒入砖形模型和方形模制中压制。传统普洱砖茶的模具上有凸起的"福"、"禄"、"寿"、"禧"等字样，将模具紧紧施压后便制成压印有各种文字的传统普洱砖茶。

第四章　普洱茶
　　　　　的
　　　　　生产工艺
　　　　　和
　　　　　品饮方式

传统普洱砖茶每四块包作一包，外用竹笋叶包装，每篮十六包，两篮为一担，以销往藏区为最多。

·心形紧茶加工

传统普洱心形紧茶的制作过程分称茶、蒸茶、压制、定型脱模、干燥、包装等工序。心形紧茶选普洱散茶为原料，蒸软后倒入紧茶布袋之中，由袋口逐渐收紧，同时按顺时针方向紧揉袋中之茶，使之形成心形茶团，即制成传统普洱心形紧茶。传统普洱心形紧茶每七个以竹笋叶包为一包，称作为一"筒"，十八筒装一篮，两篮为一担，约重110斤。昔日传统普洱心形紧茶主要销往西藏地区，少数外销尼泊尔、不丹、锡金等国。

·竹筒茶加工

普洱茶还有一种传统的竹筒茶加工，其加工方法独树一帜，别具风格，有着浓厚的民族风味。制作时将一级普洱晒青毛茶放入底层装有糯米的甑内蒸软后，再放入竹筒内，边装边压紧打实，然后放在烘架上以文火徐徐烤干，冷却后割开竹筒，外用包装纸包装。这种传统的普洱竹筒茶既有茶香，又有竹香和糯米香，竹香和茶香交融。传统普洱竹筒茶白毫显露，汤色黄绿明亮，是待客的珍品。

普洱茶发展到现在，外形已经是多样化发展，普洱茶市上出现了各种造型的普洱茶，如香菇形、柱形、迷你小沱茶、金瓜贡茶形、龙珠形、七克饼，甚至有做成巧克力模样的，可谓五彩缤纷，全凭消费者喜好买单。

在过往生产力不发达时期，手工石模压制几乎是唯一的选择。而后的机器压饼大大提高了压制加工的效率。但是石模压饼仍因具有生产灵活、适应小规

1. 每一片
   茶叶
   都
   来之不易

模加工等特点，从而留存至今。两者有不同的适用范围与存在价值。

一般机器压制茶饼的紧压程度会高于手工石模压制，但决定茶品紧压程度的根本因素是紧压力度和压力作用时间的长短，手工石模压制也好，机械铁模压制也罢，两者之间并无优劣之分，其实质差异仅在于紧压程度，而选择哪种紧压形式只是看制茶者的取向以及对茶品仓储转化预期的设定。

一般而言，手工石模压制的茶饼紧压度较为匀称，不像机械铁模压制的中心与边缘会有紧压度的差异。茶饼紧压程度越高，其陈化速度越慢，但茶质较易保存，茶品转化后越容易出花蜜香；而紧压程度低的茶品，陈化速度会较紧压度高的茶品快，其汤质较滑，但香气偏弱。在同一饼茶中也可以观察到这种不同紧压程度带来的茶质区别，茶饼饼窝处紧压程度如较其他部位高，品饮时便可发现个中不同。

紧压程度较高的茶，未来在良好的仓储之下会呈现出独特的花蜜香与优秀的茶品内质。

紧压茶的创制，最初只是为了满足茶品远程储运的需要。紧压茶在运输中对于空间的利用以及低损耗率都是散茶所无法比拟的，因此紧压茶在早期主要供应远离产茶区的边疆少数民族地区。

当近代发现普洱茶越陈越香的特质之后，人们也发现普洱茶的紧压度对于茶品的后期陈化有着重要影响。

普洱茶加工制作方式上的每一个环节都蕴含着普洱茶的每一段发展史，或者可以说它包括了普洱茶的产生、演变、发展的全过程。在传统普洱茶加工制作中可以领略到自然、独特、生态、原始的神韵，正是这些丰富多彩的制作加

第四章　普洱茶
　　　的
　　　生产工艺
　　　和
　　　品饮方式

工过程和普洱茶特有的品质，使得普洱茶成为独有的一个特色茶类。

　　普洱茶的经典之处在于：土壤在传承，茶园在传承，技艺在传承，茶的口感在传承。这里的人知道如何去珍惜每一片茶树叶，从而也让更多的人对这个茶类有了更深的感情。这是由一片茶树叶带来的共同味觉记忆。

1.　每一片
　　茶叶
　　都
　　来之不易

【 普 洱 茶 制 茶 过 程 】

· 采摘

· 摊晾

·杀青

·揉捻

·晒干

【 普 洱 茶 紧 压 茶 制 作 工 艺 】

·筛分

·分装

·称重

· 蒸茶

·揉茶

· 压茶

· 定型

· 晾茶

·包装

· 扎筒

2.　用
　　数据
　　说话

"神农尝百草，日遇七十二毒，得荼而解之。"

神农时期，我们的祖先就发现了茶这种神奇的植物具有解毒的功效。随着社会的发展，生活水平的提高，人们对保健养生的重视和需求比以往任何时候更为迫切。普洱茶以其独特的物质成分和药理特性，日益为人们所关注。

中国人素来重视"食疗"，《扁鹊见蔡桓公》一文中，扁鹊说："疾在腠理，汤熨之所及也。"用现代汉语来解读其引申义其实就是治未病。在云南民间，住民认为普洱茶可治疗感冒暑热，可安神醒脑、明目清火、祛痰止咳。普洱茶浓煎茶汁，擦洗伤患处，能杀菌消毒，止痒生肌。在许多古书、医书中，都有关于普洱茶的药效的记载，而茶能"延年益寿"的功效也为无数中医实践所证实。

自古茶药不分家，《神农本草》称：茶叶"味苦寒……久服安心益气……轻身耐老"，"茶味苦，饮之使人益思、少卧、轻身、明目"。

宋朝钱易的《南部新书》中记载了一个僧人饮茶长寿的故事："大中三年，东都进一僧，年一百二十岁。宣宗问，服何药而至此？僧对曰：'臣少也贱，素不知药性，本好茶，至处唯茶是求。或出，亦日遇百余碗。如常日，亦不下四五十碗。'因赐茶五十斤，令居保寿寺。"

清朝，赵学敏在其所著《本草纲目拾遗》中记述："味苦性刻，解油腻、牛羊毒，虚人禁用。苦涩，逐痰下气，刮肠通泄。""普洱茶膏黑如漆，醒酒第一，绿色者更佳，消食化痰，清胃生津功力尤大也。物理小识：普雨茶，蒸之成团，狗西蕃市之，最能化物，与六安同（按：普雨即普洱也）。"在其卷六《木部》中又云："普洱茶膏能治百病。如肚胀受寒，用姜汤发散，出汗即愈；口破喉颡，受热疼痛，用五分嚼口，过夜即愈……"

清朝，王士雄《随息居饮食谱》云："微苦微甘而凉，清心神，醒睡，除烦；凉肝胆，涤热消痰；肃肺胃，明目解渴……普洱产者，味重力峻，善吐风痰，消肉食。凡暑秽痧气、腹痛，于霍乱、痢疾等证初起，饮之辄愈。"

《百草镜》云："此症有三：一风闭、二食闭、三火闭，惟风闭最险，凡不拘何闭，用茄梗伏月采，风干，房中焚之，内用普洱茶二钱煎服，少倾尽出，费容斋子患此，已黑黯不治，得此方试效。"

"加察热，加霞然，加梭热！"这句藏族谚语翻译为汉语，意思是"茶是血，茶是肉，茶是生命！"这是迄今所读到的形容茶用词用得劲道最狠的文字了。

……

在古药书和古药方中，明确记载了普洱茶的药理概念和治疗实效：消食、理气、清热、解毒、利肠、醒酒等。这些记载，不仅印证了普洱茶曾备受古人推崇，也为后人进一步探寻普洱的药用意义、研究普洱茶药用价值做了重要

第四章　普洱茶
　　　　的
　　　　生产工艺
　　　　和
　　　　品饮方式

铺陈。

有人说，当下是数据化时代。对于物质的阐述，如果不能用一组数据来说明，那就用两组——数据，是最直观、最客观，也是最让人信服的证据。

科学研究早就用数据研究证明，茶叶中含有茶多酚、茶色素、蛋白质、维生素、脂肪、糖类、矿物质等成分，对人体能起一定的保健和治疗作用。普洱茶作为中国茶的一个大种类，其独特的药效更需要用数据来进行解读，以便从科学实证的角度，为人们呈现其独特的保健功效和药学原理。

据周昕编的《药茶——健身益寿之宝》（中国建筑出版社，1993年版）中记载，普洱茶中含有丰富的营养成分和药效成分。

第一类是人类生命新陈代谢所必需的三种物质——蛋白质、碳水化合物、脂类。茶叶中的蛋白质由氨基酸组成，嫩茶叶中的氨基酸含量达2%～5%，成分有二十多种，多数是人体所必需的，其中茶氨酸含量较高，这是茶叶中含有的一种特殊氨基酸，有利于促进人体的生长和智力发展，对预防人体早衰和老年骨质疏松症以及贫血等都有积极作用。茶叶中的碳水化合物含量约为30%，能冲泡出来的大约有5%左右。脂类在茶叶中的含量为2%～3%，其中有磷脂、硫脂、糖脂和甘油三脂。茶叶中的脂肪酸主要是亚油酸和亚麻酸，都是人体所必需的，是脑磷脂和卵磷脂的重要组成部分。

第二类是维生素和酶。普洱茶中含有维生素P、B_1、B_2、C、E等，这些维生素在开水浸泡10分钟后，平均80%可以浸出，所以普洱茶是人体维生素的很好来源。尤其是缺乏维生素B_2会引起代谢紊乱和口腔炎症，每100克茶叶中含有1.2毫克的维生素B_2。维生素C又称抗坏血酸，具有多方面的生理功能，

2. 用
数据
说话

可防治动脉硬化、抗感冒、抗出血、抗癌等，其功效已引起人们普遍重视。茶叶中的维生素C含量高，而且也是水溶性维生素，能被充分利用。茶叶中的酶，按它们在机体中的生理效应来说，与维生素有相似之处，而且有些维生素就是酶的组成部分。

第三类是矿物质。茶叶中含有4%～7%的无机盐，多数能溶于水，可被人体吸收，其中以钾盐、磷盐最多；其次是钙、镁、铁、锰、铝等；再次是微量的铜、锌、钠、镍、铍、硼、硫、氟等。医学专家指出，无机盐可维持人体液（渗透压）平衡，对改善机体内部循环有重要意义，又是人体"硬组织"（如骨骼、牙齿）的原料，与骨、牙等的生理关系十分密切。钾为细胞内液的重要成分，而普洱茶中的钾易泡出；普洱茶中含有的氟化物对预防龋齿有重要作用；锰可防止生殖机能紊乱和惊厥抽搐；锌可以促进儿童生长发育，防止心肌梗死与暴卒，并有抗癌作用；铜、铁对造血功能有帮助。西南大学的一项研究认为，普洱茶在后发酵过程中，黄酮类物质中以黄酮苷形式存在的最多，而黄酮苷是维生素P的一种构成物质。

云南医学专家梁明达教授经多年研究，测定普洱茶中含有多种丰富的维生素，如胡萝卜素、维生素B_1、维生素B_2、维生素C、维生素E等，经电子检测法观察，发现普洱茶含有的三十多种化学元素中，有多种极为重要的抗癌微量元素。除了含有丰富的人体所必需的营养成分外，普洱茶中具有一些特殊的功能成分，如茶多酚、茶色素、茶多糖、咖啡碱等，对人体的保健及维护身体健康起到非常重要的作用。

云南民间应用普洱茶作为药茶，一是制成汤剂，即把按茶方组成的药物，

第四章　普洱茶
　　　　的
　　　　生产工艺
　　　　和
　　　　品饮方式

以沸水冲泡或加水煎制，取汁饮服；二是制成丸剂，即将按茶方组成的药物，研成细末，用炼蜜、麦粉或茶叶等调和而制成丸状吞服；三是制成散剂，即将按茶方组成的药物，研成细末，或内服或外用，内服多用白开水或茶水送服；外用多以茶油或其他药液调敷。组成汤、丸、散的药茶，可以是单方，也可以是复方，复方型药方作用较全面，应用也较多。

普洱茶可养生，大多数人对此是知其然而不知其所以然。云南农业大学普洱茶学院及普洱茶研究院原院长邵宛芳教授，在2006年到2018年的12年里，带领一支一百多人的研究团队进行针对普洱茶功效的研究，通过科学实验力证普洱茶的保健功效，从艰深晦涩的试验结果里，用最直观的数据反映出普洱茶的保健功效，并编撰成《数据解码普洱茶功效》一书。书中以最翔实的数据和论证作为解读密码，证明了普洱茶有着降血脂、抗动脉粥样硬化、降血糖、减肥、防治脂肪肝、抗氧化、防辐射、耐缺氧、抗疲劳、抗免疫衰老、抗衰老氧化应激、抑制胆固醇的吸收与合成、对机体游离钙代谢及骨密度等十三个方面的影响。而且书中论述的所有保健功效，皆是经过动物试验得以证实的。专家们的潜心数据研究收集，为普洱茶对多种疾病的保健作用提供了理论支持。

2. 用
数据
说话

3.　东莞
　　不产普洱，
　　却
　　藏住了
　　普洱

　　普洱茶被其爱好者称为"可以喝的古董"，一款品貌俱佳的普洱茶，必定是具备"越陈越香"的特质。

　　老陈也就是陈镜顺这个普洱茶痴迷者，具备茶痴人类的所有性格特征，他不仅品饮，而且收藏，或者说边品饮边收藏，边收藏边品饮。

　　"要看普洱的仓储转化，必须到东莞。东莞的普洱仓储条件……"老陈这个人，说起普洱，口气自然而然就像又准备给我上一场普洱专业课，为了保护耳朵内膜，我迅速反应："要看普洱的仓储转化，必须到东莞眼见为实。"

　　从云南飞回广东，一落地，即时感知两地温湿度的差异。五月的广东，闷热而且潮湿，在街上等车，没一会儿，就觉得自己也像一块刚从云南压制好运过来的茶饼，正在慢慢发生着质的变化。

　　时间是普洱茶最好的催化剂。一款好的普洱茶，会随着时间的沉淀转化，越陈越香。但如果储存环境不好，储存方式不当，也很容易吸收异味，成为"废饼"。 据行内人士介绍，普洱茶的仓储之举起初是无意的，20世纪90年代以前，普洱茶大量外销时期，茶商将批量的普洱茶堆积在一起存放保管，有时货积压了一段时间后，茶商发现普洱茶在存储的过程中还进行了转化。一款茶，在不同地方、不同环境存放多年以后，竟然出现了不同的品饮风味。茶叶存放在相对干燥的地区，转化会较慢，但香气足，回甘生津迅猛；存放在空气湿热的地方，茶叶转化较快，茶汤比较柔和顺滑。由此普洱的仓储，引起茶商的重视，从20世纪90年代中期开始普洱茶的存储逐渐形成一定的产业。

老陈说："普洱茶仓储分为干仓和湿仓，在地域上又可分为：港仓、大马仓、莞仓、昆明仓。"

我问老陈："广东天气湿热，一年之中有梅雨季节，湿度很高，我们开玩笑的时候还说广东有时湿度达到甚至超过100%，东莞为什么能成为国内普洱的重要仓储地？"

老陈笑眯眯地说："你不是要自己眼见为实吗？"

20世纪80年代，广东是全国茶叶消费第二大省，也是茶叶出口基地，其时普洱茶都是云南产，广东存。广东仓前身为肇庆仓——继香港仓之后全球第二个地域仓。之所以出现肇庆仓，是因为20世纪80年代广东茶叶进出口公司生意太好，要准备的存货太多，仓库装不下，有人就打起了防空洞的主意，当第一批送到防空洞存放的普洱出仓后，汤色变红，口感温润，受到了香港买家的一致好评。从那以后，防空洞成了存放普洱的宝地，恒温恒湿的洞内环境加大了普洱茶的发酵。但防空洞的缺点就是在存放中温湿度不易控制，很容易发生霉变，或者仓味很重。

现在广东省的大部分普洱茶都存放在广州与东莞，这两个地方是将茶叶存放于二楼以上的专业茶叶仓库，用人工以及设备等技术手段来控制温湿度，以

3. 东莞
不产普洱，
却
藏住了
普洱

保证茶品的陈放质量。在恒温恒湿的环境下自然发酵的普洱茶，茶表面光泽油亮，茶叶有茶香，口感醇厚、回甘明显，一定年份的茶汤转化为橙黄到橙红之间，不卡喉（大益、七彩云南、六大茶山、陈升号、岁月知味等茶企都在广东东莞设有专业仓库）。

广东气候高温高湿，对比昆明的仓储环境，在广东存茶，茶叶转化比较快，汤色在橙黄到橙红之间，滋味更醇厚，香气沁人。在昆明存放的普洱茶转化会比较慢。在汤色转化上，昆明存茶三年相当于广东存一年，对比可知广东仓的转化速度。不过昆明仓存出来的茶香气较好，滋味鲜活，口感转化层次不明显，像新茶。

20世纪90年代之前，普洱茶是没有仓储产业规模的，大部分普洱茶被市场消化掉，小规模的藏茶构不成仓储产业，90年代普洱在台湾大热，普洱茶"越陈越香"的属性就是被台湾人挖掘出来的，当时台湾人都以喝普洱茶为荣，可是云南的普洱茶产量远远跟不上市场的需求，市场出现大量的假冒伪劣茶叶，导致了当时台湾的普洱茶市场崩盘。而普洱茶在需求下滑期产量过剩，卖不出去的茶叶被人们堆积在仓库里，也为仓储随后的发展做了铺垫。

仓储形成产业是在20世纪90年代的中后期，普洱茶的收藏价值被挖掘出来，市面上印级、号级茶受到了大众的追捧，为了满足市场的需求，于是有个别茶商便开始作假、做旧，做旧也间接使得普洱茶的产业链提前出现——做旧是用普洱茶湿仓做旧，有茶商开始有意识地建仓，通过人工控制仓储的温度和湿度，而使得普洱茶陈化为具有自己需要的号级茶和印级茶的特征。普洱茶市场开始规范之后，茶仓管理追求起了专业化规模化，从此走上正规化和快速

第四章　普洱茶
　　　　的
　　　　生产工艺
　　　　和
　　　　品饮方式

扩建之路。

普洱茶的仓储条件主要有四个要素：温度、湿度、通风、无异味。所以要达到优质的仓储，必须得满足下面的几个条件：

1、仓储的温度与湿度。仓储的环境温度要适当，温差变化不明显，平均温度保持在26℃～30℃，湿度保持在60%～75%之间。在这样的环境中储存的普洱茶不易发霉，虽然转化较为缓慢，但能保持普洱茶的真味。

2、通风的仓储条件。散茶放在整齐的货架上，货架与货架之间间隔50厘米，以达到良好的通风效果。整件茶叶整齐地堆放在木架上，排与排之间有一定的空隙，且与地面相离。这不仅可避免地面的湿气，还达到了通风的效果。

3、清洁无杂物的储存环境。仓储环境必须清洁无异味，避免杂味的交叉感染。

普洱茶具有"陈化生香"的特点，与其他茶类相比，普洱茶不但耐仓储，而且随着贮藏时间的延长，品质呈上升变化趋势，向着"香、醇、甘、润、滑"方向转变。仓储的转化也就是普洱内含物质的转化，从入仓到退仓，再到普洱茶存储的临界点，入仓是普洱茶最佳转化期，茶叶中的茶黄素、香气都发生了变化，使得茶叶的口感千变万化；而退仓时达到了普洱茶陈化的临界点，普洱茶的仓味是可以挽救的，比如普洱茶生茶在存放一段时间后，如果超过这个临界点，普洱茶在退仓时，将仓味退得干净，那么也可以算是一款不错的茶，所有的入仓退仓都可使普洱茶无论是内在还是外在都有所提升。随着科技进步，现在可以利用科技将仓储的温度和湿度控制得很精确，以至于现在的科技仓可以实现干仓仓储，也可以实现湿仓存储，具有良好的投资增值功能，如今，普洱茶仓储陈化已发展成为一个重要产业，单一个东莞，占地一万平方米以上的专业茶仓就有天得茶业、昌兴茶仓、双陈普洱、莞万茶仓，几百上千平方米的茶仓更是遍布全市。

专业普洱爱好者从茶的色香味，就能鉴定出普洱茶是在哪个地方仓储的。他们讲如若汤色透亮、明黄，可判断为昆明仓；如若汤色为石榴红，可为广东仓。香气高扬、无仓味基本可判定为昆明仓；如若香气厚重，即可判定为广东仓。叶底鲜活，即为昆明干仓，如果暗沉即为广东仓。口感入口涩味强、回甘生津快即可判断为昆明仓；如若入口绵柔、滑润、有厚度即可判断为广东仓。

普洱茶仓储是一种比较特殊的深加工形式，它不同于普通的生产加工，主要是对保持仓储环境要求较高。表面上也许我们关注的是环境的温度和湿度，其实我们更应该真正关注的是长期存放在仓储环境中茶品的品质以及内含物质的变化。内含物质的变化主要靠微生物的发酵，而使得茶品的品质和口感发生变化。

不同仓储条件下生产出来的普洱茶产品还会因为不同地区、不同时代消费者口味的变化而变化，时代在发展，人类在进步，专业仓储成为了茶行业热点，专业茶仓模式已然应运而生。我们也有理由相信普洱茶的仓储也将走进高科技时代的前沿，为大众消费者带来更为优质的茶品。普洱茶仓储，这个正蓬勃发展的领域，已经开始走向更广泛的消费市场，并逐渐显露出新兴力量的魅力。

纵观整个中国的普洱茶市场，如果说北京的马连道是古董普洱茶与老茶消

第四章　普洱茶
　　　　的
　　　　生产工艺
　　　　和
　　　　品饮方式

费的风向标，那么广州的芳村必然是决定整个普洱茶行情的基础盘。而东莞作为普洱茶的后花园，通过藏茶于民间的深厚的仓储底蕴，正在逐步成为普洱茶的后天产区和中期茶的价值藏宝库。

3. 东莞
不产普洱，
却
藏住了
普洱

4. 开启普洱茶品饮时代的中期茶

　　珍稀的普洱老茶依旧处于一饼难求的地位，并且居于普洱茶市场的顶尖位置，不可动摇，这其中不只是有资本在运作，更是市场普遍接受了中老期普洱茶价值的体现。在新消费趋势下，在消费分级的同时，消费者逐步成熟，不再仅仅迷恋于神坛上的明星茶，更多地开始尝试那些经过了一定时间陈放、品质优良的普洱茶。中期茶，在普洱老茶的高价格带动下，在品饮价值逐步回归非炒作价值的消费观念改变下，慢慢成为普洱茶消费的热点。

　　中老期茶，是一种按时间段进行定义的茶，这种历经时间转化的茶与普洱新茶相比，口感会更加甘醇。中期普洱生茶的苦涩味减弱，茶汤更加甘甜，与新茶相比，更加温和，茶性没那么强。一般来说普洱中期茶是指陈化时间在十年左右的普洱茶，即生产日期在2005年至2009年左右的普洱茶。陈化二十年以上的为老茶。

　　2005年普洱茶迎来价格暴涨的黄金期，消费者在这个时间段大量购入普洱茶投资升值。这一波的价格暴涨期一直延续到2007年4月，其间普洱茶无论是产量、价格还是成交量都以倍数增加。2007年4月后，普洱茶价格大跌，很多普洱茶价格和成交量腰斩一半甚至出现有价无市的状况，无论是一线大品牌还是小厂茶都无一幸免，一时间整个普洱茶行业愁云满天。受恐慌情绪和资金压力的影响，很多普洱茶商家和投资者选择亏本清货，普洱茶企也纷纷减产减价，这样便形成多米诺骨牌效应，使得普洱茶价格又继续进一步下滑。这一寒冬期一直延续到2009年。

目前市面上销售的2004年之前生产的大部分一线品牌的普洱茶价格都在一饼千元以上，某些品质较好的价格在数千元至万元区间，而20世纪90年代产的普洱茶市场成交价在万元至数万元一饼。而2006年至2008年期间的，这类茶市场价才不过几百元，价格相对偏低，二三线品牌或者小部分已经倒闭的茶厂产品，价格低至百元也属正常，作为一般的日常饮用茶拥有较高的性价比。经历十年陈化期，普洱中期茶的滋味已经变得较为醇和适口。一些一线品牌厂家生产的普洱中期茶品质较高，诸如大益、下关、中茶等一线品牌的品质较为优秀的中期茶，商家和收藏家也较为关注。

普洱中期茶目前市场价格相对较低，口感醇和适口，相对于现在动辄千元的精选级普洱新茶和数千上万元的旧茶，中期茶性价比高的优势尤为明显，非常适合日常饮用。

关于普洱茶的品饮价值，台湾知名普洱茶专家邓时海先生早年提出了"藏新茶、品老茶、喝熟茶"的理念，这一理念随着普洱茶市场的崛起而得到了大多数人的认可。2000年之前并没有喝老茶这种概念，香港的老酒楼、茶楼在20世纪四五十年代从云南进货，买回来的茶叶存到仓库里面，堆在边角的那些总用不掉的茶过好多年才被拿来喝，结果发现味道居然比从前好了很多，人们

4. 开启
普洱茶
品饮时代
的
中期茶

这才对老茶有了认识。而到了20世纪70年代，香港茶商的存茶经验与茶楼的消费需求，客观上推动了普洱茶技术的改良，诞生了熟茶制作工艺。

普洱茶的特别之处，就在于它讲求陈化，达到清、醇、气、化的境地。"陈年普洱茶"应该是指云南晒青茶青，经过储存、自然陈化后的陈年茶品，如果未经过陈化的过程，只能形容它为"绿茶"，即生茶。现在市场上能见到的老普洱茶，通常是指40年以上的历史遗留，这些茶最基本已经是如中茶简体及七子小黄印等1970年代或以上的茶品。实事求是地说这些茶已经到了品饮期，已经无需再进一步陈化。如有收藏这些茶品，最好不要让其继续自然陈化，而要想办法锁定这种高峰期的口味，避免接触到更多的空气及空气中的水分。

从评茶的角度，实事求是地说，从确保健康、追求品饮感受的基础出发，有储存价值的老普洱茶，汤色要深浅分明，不能够深如黑漆，但也不能浅如淡黄，要是恰到好处的栗红色；香气要飘扬开朗，高雅持久；茶汤要醇厚、回甘，喉韵深沉，给人以优雅而和谐的气氛。

对于当今中期茶拼配与纯料哪个更好之争，我个人认为拼配的比不拼配的好。普洱茶的拼，是喝茶厂、茶人的风格，纯料茶是在喝茶树风味。如果没有拼配，那茶都是一个味道，拼配是一种很深的功力，不同山头，用质量相当的茶去拼配，滋味看师傅功夫。这个道理如同厨师做菜、酿酒师制酒，普洱茶的拼配本就是一项门槛极其高的技术活，不然，那些制茶大师便与常人无异了。目前云南几千家茶厂绝大多数没有拼配理念，不知道自己的产品多年后会变什么样，没有这个思维和技术，更别提通过口味的稳定去确保普洱茶价值持续

第四章　普洱茶
　　　　的
　　　　生产工艺
　　　　和
　　　　品饮方式

增长的能力。

于是，找寻一款好喝的中期茶不仅是随缘，更是考究味蕾的专业能力，这让中期普洱茶的选茶与二次包装成为了一个新兴产业。业内人士参考威士忌品牌的运作方式，为消费者找寻色香味俱全的中期茶，打造年份茶品牌，这或许成为普洱茶产业消费的新宠儿。

中老期普洱茶的迷人之处，在于陈化后的口感与汤质享受，而非刚出厂时的状态。论香气，新茶不及铁观音；论醇厚度，不及大红袍等武夷岩茶；论鲜活度，不及龙井等绿茶。因此普洱茶的魅力在于后天，储存普洱茶的目的就是要改变之前的青涩状态，经时间陈化之后，达到养胃、安神等作用。

中老期普洱茶为何养胃呢？陈化后，中老期普洱茶叶会从酸性变成弱碱性，而养胃在于酸碱平衡。所有的茶无论是台湾乌龙茶或是安溪铁观音，酸碱度都属于偏酸的6.5左右，龙井茶在6.5以下，大红袍则约在6.8。现代人的饮食中高蛋白摄入高，使胃偏酸，所以喝了偏碱性的普洱茶后，可使胃的消化能力变更好，这就是普洱茶养胃的地方。当茶汤变为葡萄红时，表示茶叶中含有的活性酶已经从大分子转变成小分子，同样的量，喝其他茶会频频上厕所，喝老普洱茶则不太需要。这是因为肝脏对小分子吸收比较快，使茶水直接被肝肾脏吸收，进入血管通过细胞从毛细孔散发，所以老普洱喝了会出汗，就是这个原理。

如今普洱茶的中老期茶市场，古董号字级茶与印字级茶已被奉上神坛，从原先少数明星茶88青、8582、99绿大树、大白菜撑场，到如今过于高昂热炒的价格，以及混淆不清的批次，让大量后期进入中期茶市场的藏家转向，将眼

4. 开启
普洱茶
品饮时代
的
中期茶

光投向了名山名寨，开始挖掘10年～20年之间的优质中期茶。那些茶至少流传有序，师出有名，从品饮与收藏的角度，甚至炒作的角度而言，它们同样具备88青、大白菜的剧本组成元素，只是缺乏了资本的青睐与疯狂的时代。虽然在茶的价格构成上，出现类似88青、大白菜高价茶的现象，从某种程度上来讲是合理的。因为但凡收藏品，都具备稀有属性，决定一款茶价值的，并不仅仅是口感。

但，88青的售卖时代已经结束，真正的88青早已难找，市场有的只是不同年份的7542在冒充88青，甚至有的是根本就不是7542的造假茶，于是品种丰富的大白菜开始登上财富舞台。而中老期茶，尤其是中期茶又该以一个什么样的身份登场亮相呢？更为关键的是，在经济增速整体放缓的当下，消费者变得更加理性。加之大量优秀适饮的10年～20年中期茶进入市场，市场存量较大，让疯狂炒作某一批次茶的行为很难再次实现。可以预见的是，近几年火热的普洱茶消费市场，给足产业新的消费力，而整体的井喷才是行业鼎盛时期应有的景象，一枝独秀的时代不再。曾经神坛上的明星茶，终究留在神坛上为众人膜拜，为极少数人享用，它们成为传说的同时也润养了人们对中期茶的想象。

普洱茶的魅力来自时间沉淀，中期茶比新茶好喝，对身体的冲击也较小。同样，普洱茶的经济价值也来自时间。在消费分级的今天，市场上大量这类符合品饮标准的中期茶开始面世。

评价中期茶不谈仓储就是纸上谈兵，如果把普洱茶看成一个人，原料就是他的身体，拼配与精制是他的人格，历史人文与品牌构成他的思想，而仓储决

第四章　普洱茶
　　　　的
　　　　生产工艺
　　　　和
　　　　品饮方式

定着其一生的成长环境，可见仓储对中期茶价值影响的重要性。简单来说，仓储好是普洱茶的必要非充分条件，一款原料和工艺都足够优秀的中期茶，假如没有好的仓储进行储存，那么就等于在慢慢毁掉这款优质中期茶的价值。这一点，东莞这个在普洱茶收藏领域打下扎实基础的城市，在这个时代迎来了属于它的荣光。

纵观普洱茶的现代发展史，我们身处其中，在品味普洱茶的同时，也见证普洱江湖的风云变幻。当市场不再以炒货赚钱为基础，而是以品饮为基础推动销售，再而成为构建品牌、创造价值的多维度市场时，相信消费者应该也能在新茶和同等价格的中期茶之间，做出自己合理的选择。中期茶并非取代新茶，品牌新茶的制作严谨与原料的精选，使得未来更加值得期待，而中期茶让我们得以享受当下。这，本身就是喝普洱茶的乐趣之一。我们在品味时光的同时，做时间的朋友，静待岁月安好。

茶是用来喝的，而普洱茶的价值却需要时间的转化，时间赋予了财富运作的空间。无论是财富故事的层出不穷，还是回归理性消费的去光环化，对于产业发展而言，终究一句：没有买卖，就是伤害。

4. 开启
普洱茶
品饮时代
的
中期茶

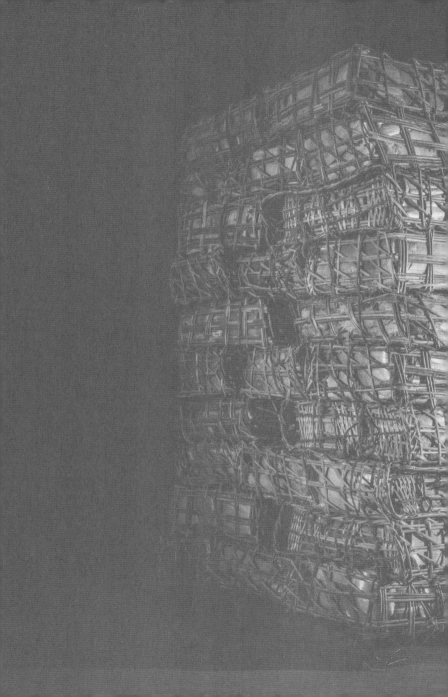

5.　啜苦咽甘，
　　　香水气韵

"上口不忍遽咽，先嗅其香，再试其味，徐徐咀嚼而体贴之。果然清芬扑鼻，舌有余甘。一杯之后，再试一二杯。"

清代袁枚在《随园食单》中，把品茶的过程说得非常通俗易懂。专业人士说："用心品一款古树茶，至少需要15至30分钟，必须心静，才能品出普洱古树茶的香和韵。"

古代医书《本草拾遗》这样描述："茗，苦茶……久食，令人瘦，去人肥。"这是把茶当成药材在评点了；陆羽在《茶经》中开始把茶作为饮品进行点评："啜苦咽甘，茶也。"

茶的味道是什么？也许问一千人，有一千个主观答案，但也许只有一个客观的答案：茶叶的初味带有苦甘的特性，先苦后甘，苦尽甘来。人的舌头味蕾非常敏感，能识别上百种微小的味道差别。带有微苦的食材，总会给人营造百转千回、柳暗花明的味觉享受。啜苦咽甘，透过茶性本苦的初味，一点一滴去体会茶汤带来的醇香甘甜爽滑，是每个爱茶人的瘾，以及带着私人化的味觉享受。

第四章　普洱茶
　　　的
　　　生产工艺
　　　和
　　　品饮方式

品茶的最高境界，就是能捕捉到隐藏在茶里的韵味——创办陈升号的陈升河老先生说，茶叶的感知，其实没有很玄乎的秘密，品茶也不需要太过拘谨的程序，鼻闻香，眼观色，舌赏味，从"香、水、气、韵"四个角度去分析，用心，就能打开自己的味蕾，去感受茶的美好。

陈升河老先生又说："具备香高、底厚、气足、韵深的普洱茶，就是好茶！"

"何为一杯茶的香水气韵？"

在寻访易武陈升福元昌老宅的时候，我无意间看到了一本陈升福元昌内部的产品价值白皮书，陈升河老先生关于香、水、气、韵的描述，作为好茶叶的标准，记录在册：

香高，是一种无处不在的状态。所谓茶香，其实就是茶叶中的芳香物质，与空气、与水相遇时的自然触发。而香气，也往往是你喝一泡时，最早捕捉到的茶叶气息。陈升福元昌标准认为，茶香应该是你品评一泡茶叶时，如影随形的状态。从撬干茶时，鼻腔中的充盈；到茶汤入口时，口齿中的发散；再到下咽后，从喉咙深处的缓缓回出……易武的汤柔水绵，随着香气的游走挥发，呈现出奇妙的化感，沁人心脾，而又久久让人难以忘怀。

底厚就是茶汤丰富厚重。一款茶的原料好不好，工艺有没有问题，都在一杯真实的茶汤里。但茶汤的厚度不同于浓度。后者可以通过增加投茶量、水温和冲泡时间，来达到浓度的增加。而厚度，是原料先天赐予的，是它原有的内含的物质以及工艺的加持所产生的多种不同层次的味道和谐融合在一起，析出的饱满厚实的感受。易武茶的厚，并不张扬，它是在岁月的陈化后，很平和地

5. 啜苦咽甘，
香水气韵

展现出来的那种顺口的、愉悦的、充满活性的滋味。

气足，就是山野间的本味。当茶汤进入人体后，开始分解释放能量，并引起某种体感，这时候，我们称之为茶气。茶气之于人而言，是一种客观与主观相结合的感受。而茶气之于茶而言，是茶种、树龄、土质、生态、海拔，以及茶品的陈期、储存条件共同反应在茶汤中的反应，是来自山野的本味。茶气的足、厚、正，是喝茶人评判一款好茶的因子，也是陈升福元昌把控一款产品的标准。

韵深，就是回味无穷的念想。如果说茶气是茶汤带给你的对身体的直接冲击与感受，茶韵则是你喝完之后，那些回味、生津在你意识层面上形成的"茶外之味"。茶韵依附在茶香、茶味之上，又带有喝茶人的个人感官色彩，在每个人脑海中生成不同的联想与感受。即便缥缈不可捉摸，但有一样是清晰且共同的，那就是——这是一种愉悦的回味，并带给你喝了还想喝的念想。

一泡普洱茶，如何品到陈升河老先生所说的"香、水、气、韵"？

品茶，其实不只是喝一泡茶而已，它包括泡茶方法、茶器、品饮过程、品后的回味。

·泡茶方法

第一步：投茶

普洱茶投茶量的多少，既有定法也无定法。

云南本地茶商泡茶，会按照每位茶客2克的量来投茶，一泡茶最低不少于6克，然后按投茶量与水量1:40左右的比例来冲泡，用100CC容量的茶壶来泡茶最为相宜。但普洱爱好者遍及大江南北，各地茶人茶客的口味习惯、冲泡方法各式各样，投茶量或增或减。江浙以及北方喝茶喜欢素淡，投茶量相对较少；港台地区、福建、两广习惯酽茶，投茶量就多一些。而广东的潮汕人泡什么茶都喜欢用"工夫茶"泡法，俗称"焖茶饭"，投茶量很"任性"。其实投茶量多少还受茶叶特性、品质，以及冲泡方法的影响，冲泡普洱熟茶、陈茶，投茶量可适当增加；生茶或当季春茶，投茶量可适当减少，如何把握投茶量，可以"随心所欲，然不逾矩"。投茶量多少，茶汤浓淡，只要符合口味，不破坏茶性，你喜欢就好！

第二步：洗茶

关于"洗茶"的记录最早出现在明代。明代钱椿年撰、顾元庆删校的《茶谱》记载："凡烹茶先以热汤洗茶叶，去其尘垢冷气，烹之则美。"对于普洱茶，"洗茶"这一过程更是必不可少。茶叶采自山上，民间制茶难免会沾染到灰尘，而且普洱茶大都隔年甚至数年后才拿出来饮用，储藏越久，茶饼上越容易沉积茶粉和尘埃，久藏了也会寒燥冷凝，洗茶可涤尘润茶、去燥除凝，也让茶叶开始苏醒舒展。茶圣陆羽在《茶经》中也说："第一煮水沸，而弃其沫之上有水膜如黑云母，饮之则其味不正。"洗茶也要得法，水温、节奏快慢都要把握好，洗茶应注意快冲快出，同时利用茶水洗茶具、茶杯、公道杯，杜绝多次洗茶或高温长时间洗茶，以致茶味流失，破坏茶力。

当下经常听到"生活要有仪式感"这句话，其实洗茶这个程序更像一个庄重的仪式，"茶性本洁"，洗茶既洁净了茶叶，也有一种礼的意味在里面。将一杯涤尽尘味、清香四溢的茶奉到客人面前，很符合中国人自古以来的待客之道。"竹下忘言对紫茶，全胜羽客醉流霞。尘心洗尽兴难尽，一树蝉声片影

5.　啜苦咽甘，
　　香水气韵

斜。"（唐·钱起《与赵莒茶宴》）

第三步：泡茶

一泡茶，会泡不会泡，差别很大。经常茶聚的一帮朋友，久了慢慢就会公推出最会泡茶的人——好像是一种江湖名望一样，而且这种名望完全是靠"泡功"的实力与口碑挣下来的。

"茶艺"一词最早是由台湾茶人提出来的，包括备器、择水、取火、候汤、习茶等，再广义一点就扩展到环境、仪容、礼节等。无论何种形式，最后都必须落实到最基本的内容上，就是如何泡好眼前这一泡茶叶，让它完美呈现色、香、味。

水温以及冲泡时间的掌握，对展现一泡茶的茶性至为关键。高温的水能够有效让茶叶迅速舒展，发散香味，让茶香快速浸出，但高温也容易烫伤茶叶，让茶汤生出涩味。水温的高低，当因茶而异：用料较粗的饼砖茶、紧茶、陈茶，适宜用沸水冲泡；用料较嫩的芽茶、高档青饼，宜略降水温进行冲泡，以免将"细皮嫩肉"的高档好茶烫熟成为茶菜。而冲泡时间长短的控制，是为了准确呈现茶叶的香气、滋味。一般而言，陈茶、粗茶冲泡时间长，新茶、细嫩茶叶冲泡时间短；手工揉捻茶冲泡时间长，机械揉捻茶冲泡时间短；紧压茶冲泡时间长，散茶冲泡时间短。这些都要茶人根据茶叶的特性灵活掌握。

在云南福元昌老宅试茶的时候，毕业于云南农业大学茶艺专业的一位茶艺师告诉我们，云南是高原地区，沸水温度大约只在94℃左右，低于沿海和平原地区，非常适合直接冲泡熟茶。对于生茶，除部分高档茶外，大部分也可直接用沸水冲泡。在冲泡特别幼嫩的茶叶时，须适当再降低温度，或以沸水高冲来

第四章　普洱茶
　　　　　的
　　　　　生产工艺
　　　　　和
　　　　　品饮方式

稍微调节水温，避免因茶叶被烫熟而产生水闷气。

· 茶器

工欲善其事，必先利其器。明代许次纾编写的《茶疏》认为，习茶瀹茶时，"茶滋于水，水藉乎器，汤成于火。四者相须，缺一则废"。活火、活水、妙器，加之静心泡茶时，对茶汤浓度把握得恰恰好，才能准确表达一盏茶的色、香、味、形、韵。

所谓茶器，就是烹茶相关的用具。唐代煎茶使用的茶器，陆羽在《茶经·四·茶之器》中做了详细的记述，共有二十四种之多。这二十四种茶具为：风炉、筥、炭挝、火筴、釜、交床、夹、纸囊、碾、罗合、则、水方、漉水囊、瓢、竹筴、鹾簋、熟盂、碗、畚、札、涤方、滓方、巾、具列。此外还有都篮，是专门用来盛装二十四种茶具的竹篮。将这二十四种茶具全都装入此篮中，所以被称为都篮。煎茶或外出的时候可以提篮而行。

"但城邑之中，王公之门，二十四器阙一，则茶废矣。"在《茶经·九·茶之略》中陆羽详细地说明，在何种情况下可以省略何种，但总体而言，当时对煎茶饮茶的要求是十分完备的。

在唐人封演的《封氏闻见记》卷六记载："造茶具二十四事，以都统笼贮之。远近倾慕，好事者家藏一副。"文中的"都统"即是装煎茶器的都篮。这表明煎茶饮茶的二十四种茶具，在唐代曾普遍被贮藏和使用。

陆羽煎茶法是目前能查阅到的最早、最完整的茶道表现形式。可惜因年代久远，至今尚未发现与《茶经》中描述形制相同且完整的煎茶二十四器。法门寺地宫曾经出土了十三件宫廷茶器，从中可窥见唐代煎茶之盛况。

5. 啜苦咽甘，
   香水气韵

唐代的煎茶习俗，至五代宋金时期依然流行，当时又出现了点茶和斗茶等新的饮茶方式及茶艺，至明代出现撮茶，清代形成了工夫茶。煎茶所用的各种茶具，不仅唐代具有，五代宋金时期依然存在，其遗风遗俗，在边远地区和少数民族地区甚至流传至今。

唐代煎茶的二十四种茶具，分别采用石、木、竹、藤、金属和陶瓷等多种材料制作。随着煎茶习俗延续不断，以及当代各种工艺的发展、茶艺的研究、品茶方式的多样化，煎茶所用的各种茶器，在形制、材质、大小、功能等方面，一直不断变化着。器以载道，道由器传，茶器是服务于泡茶的，结合现代饮茶习惯，或繁或简，因人而略有差异。用什么茶器，由环境和茶事的隆重程度而定，也由泡茶之人的闲情和雅趣以及审美品味所决定。

当前茶室常见的茶器包括：

1、水壶、汤壶、茶釜、风炉：煮水用的器具，陶瓷或银、铁、锡、玻璃……容量以大肚能容最好。

2、茶壶：泡茶用器。紫砂壶、手拉壶、陶瓷、玻璃……视个人喜好而定。

3、茶池：亦称茶船，置壶于上，可以开水淋壶、烫杯等，制式有盘形、碗形、钵形等。

4、茶杯：杯内最好上釉，以白釉或浅色最好，以观茶色变化。

5、茶托：放茶杯用的托子，木质、漆雕、陶碟，能隔热就好。

6、茶海：明代称茶盏，也就是匀杯、公道杯。茶壶冲泡的茶汤注入茶海，再分倒入各茶杯中，可使各杯浓淡相同，并避免茶渣入杯。

7、茶漏：过滤茶汤中的浮末，漏网不可过细也不可过粗。

第四章　普洱茶
　　　　的
　　　　生产工艺
　　　　和
　　　　品饮方式

8、茶则：又称茶匙，掏舀、量取茶叶可用，可避免手指直接接触茶叶，产生杂味。金属或竹制，实用为上。

9、渣匙：又称茶掏。用以掏出壶中冲泡过的茶叶，或茶叶阻塞壶嘴时清通之用。

10、茶荷：辅助茶则将茶叶倒进壶中，避免茶叶散失，亦可作鉴赏茶叶之用，扁平为佳。

11、茶罐：贮存茶叶器具，可大可小，银、锡、铁、铝、陶、漆器，须能遮光密封。茶席上一般放置小型茶叶罐，既可贮茶，也可衬托茶席氛围。

12、茶巾：也有称洁方，于茶席上用以擦拭茶壶，或茶桌上不慎溢滴的茶汤等。

《周易》云："形之上者谓之道，形而下者谓之器。"中国人向来崇尚托物言志，言以载道。茶器，承载着茶人对茶的态度，所谓茶道，其实就是人与茶的关系。而茶器，是用来盛放茶人对茶的这份态度的。中国地大物博，文脉深远，茶类繁多，泡法各异。如何体现一款茶的香、水、气、韵，爱茶之人需要熟知茶性、明晓茶理，也需会选择最适合的茶器，来装下自己泡出来的一杯好茶。

饮茶之道，在于修心和得趣。正如马林洛夫斯基所言："在人类社会生活中，一切生物的需要，已转化为文化的需要。"茶器，当下不再只是日常品茶器具，而是已经蕴含着超乎日常的精神和文化意蕴。但一切形式都是为内容服务的。我们的看法是：

"综古今而合度，极变化以从心。"

5. 啜苦咽甘，
香水气韵

·品饮

第一看汤色，汤色以透亮为上。颜色深浅与投茶量有关，透明度与加工工艺与储藏有关。

第二闻香味，分为挂杯香、汤气香、入口汤水香、口腔留香。香气以自然香为上，香高为上，不能有异味。

第三品滑度，即入口和吞咽的顺滑度。口里面是喝到泉水，还是自来水，用味觉对比就能分辨。

第四尝甜度，味蕾觉得茶汤在口中的甜度。

第五尝苦味，味蕾觉得茶汤在口中的苦度。

第六尝涩味，茶汤在口中的收敛性，包括舌面、口腔前端、中部及喉咙。

第七品回甘，唾液腺分泌唾液，收敛口腔及将苦味化为甘爽的感觉。

第八看身体反应，一组茶喝完，手心、全身都会和喝茶前有所差异。不同的茶身体反应会不同。会出现手心和身体血液运行加快、全身或部分身体通畅的感觉，以感觉强为上。

普洱茶最让茶客上瘾的就是陈香，越陈越香，这也是普洱茶的价值。同样一款普洱茶，第一年，第二年，第三年……苦涩逐年减退，茶香像有生命一样一直在变化，普洱的"酽"逐渐演化为甘醇。同一片茶，第一泡，第二泡，第三泡……每一泡的汤香都有变化，但普洱茶很耐泡，香气久久不淡。

"寒夜客来茶当酒，竹炉汤沸火初红。"茶能静心，味有回甘。每人都有自己习惯的味道，品一泡百年老树茶，打开自己的六根六识，用眼、耳、鼻、

第四章　普洱茶
　　　　的
　　　　生产工艺
　　　　和
　　　　品饮方式

舌、身、意，去感受那茶香里蕴含着的大自然的气息，再缓缓呼出一口气，这呼出的一口气便似乎带着茶香，整个人都会被包裹在茶香的浸润之中，如此反复，身心便会自觉天朗气清。

云南六大山头茶，有的口感敦朴醇厚，有的凛冽霸道，有的清悠淡雅，有的隽永悠长，静心泡好每一泡茶，感受每泡茶的香、水、气、韵，慢慢地就会形成一个立体的个性化品茶标准；长时间品饮不同山头的古树普洱茶，久而久之，也会形成专属于你的私人化普洱茶叶味觉地图。

5. 啜苦咽甘，
   香水气韵

【　　　　泡　　　茶　　　工　　　序　　　　】

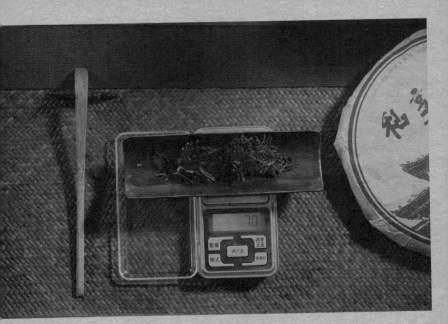

·称茶

·温壶

· 投茶

·冲泡

· 出汤

·分茶

·品饮

6. 普洱茶
是
一种
生活方式

长句与晴皋索普洱茶

【清】丘逢甲

滇南古佛国，草木有佛气。

就中普洱茶，森冷可爱畏。

迩来入世多尘心，瘦权病可空苦吟。

乞君分惠茶数饼，活火煎之檐葡林。

饮之纵未作诗佛，定应一洗世俗筝琶音。

不然不立文字亦一乐，千秋自抚无弦琴。

海山自高海水深，与君弹指一话去来今。

中国有三种国粹：汉字、茶叶、瓷器。汉字是中国人的文字工具，记载着中国人的日常生活印记；茶叶与瓷器，则代表着中国人的生活品味和审美乐趣。这三种国粹，本身就互为承载，彼此有着若隐若现的勾连。以精美的茶器泡好茶，茶香诗情，茶激发了文人的诗意；烹茶读书，红袖添香，自古以来就是文人乐事，而这乐事，通过文字记录下来，一代一代，成为中国人的文化基因。

曾经有人统计过，自唐代至民国留世的茶诗多达2万余首，这些茶诗，记下了各种茶味茶趣，各种与茶有关的雅事逸事，各种由茶生发或寄托的情分，各种茶里茶外的生活。丘逢甲的这首诗，便是浩瀚诗海之一粟，诗人以写信向友人讨要普洱茶为由头，将倾诉思念远方知己的情谊和品茶趣味跃然纸上。

喝茶，爱茶，不仅是文人的一大雅事，也是自古至今中国人的日常。

《茶经》有3卷10节，7000余字。它首次把饮茶当作一种艺术过程看待，创造了从烤茶、选水、煮茗、列具到品饮的一整套茶艺，其中包含了浓厚的美学意境和氛围；首次把"精神"二字贯穿于茶事之中，强调茶人的品格和思想情操，把饮茶当成自我修养、锻炼志向、陶冶情操的方法；首次把我国儒、道、佛的思想文化与饮茶过程融为一体，创造了中国的茶道精神。

宋代苏辙说："何时茅檐归去炙背读文字，遣儿折取枯竹女煎汤。"

苏辙的哥苏轼则说："酡颜玉碗捧纤纤，乱点余花唾碧衫。歌咽水云凝静院，梦惊松雪落空岩。"苏学士品茶也跟他做其他事一样，经常有佳人在侧，红袖添香、红袖煮茶、红袖伴读——苏子原本就是千古以来，特别会找生活乐趣的人。

拜在苏轼门下的黄庭坚写过一首《品令·茶词》："凤舞团团饼。恨分破，教孤令。金渠体净，只轮慢碾，玉尘光莹。汤响松风，早减了、二分酒病。味浓香永，醉乡路、成佳境。恰如灯下，故人万里，归来对影。口不能言，心下快活自省。"这人是把茶当成故人相待了，故人很久不见，忽然又得相遇，对坐良久，一声长叹，"知音啊！我们来喝一杯茶吧！"

"品茶者谓：普洱之比龙井，犹少陵之比渊明。"（柴萼《梵天庐丛录》）

明嘉靖年间状元林大钦则在《斋夜》一诗中，自述茶让他拥有独处的快乐："扫叶烹茶坐复行，孤吟照月又三更。城中车马如流水，不及秋斋一夜情。"

至于民间，老百姓开门七件事——柴米油盐酱醋茶，茶已完全锲入中国人的世俗生活。所谓一介布衣，粗茶淡饭，其实就是生活的真谛。饱读诗书的夫子们，与民间耕织于田垄屋下的凡夫俗子，在茶中找到了同样朴素的生活哲理。

......

中国是个茶的国度，也是一个诗的国度。茶让中国人的日常生活拥有了诗性，赋予了普通老百姓以诗情消解生活的能力。

茶是天地之间有灵气的媒介，它沟通了人与地理、物产、气候、历史的联系。沧海桑田，从神农尝百草开启茶饮之源，到当下茶被放在生活中最重要也最寻常的位置，茶，给予人味觉上的享受，身心的滋养和慰藉，是人类与自然和谐相处的一种沟通方式。

中国有六大茶类：白茶、绿茶、青茶、黄茶、红茶和黑茶。每一种茶类又有很多分支，茶世界的版图辽阔而丰富，五彩斑斓。每一叶带有不同茶山风貌的茶叶，经过各种独具特色的工艺，最后与水相融，成为茶客眼前手里的一杯

6. 普洱茶
   是
   一种
   生活方式

茶。阳春白雪下里巴人，琴棋书画柴米油盐，有人把茶看成是一种饮品，有人认为茶是一种心情，越来越多的人，把茶当作一种生活方式。

明朝文震亨在《长物志·香茗》中云："香、茗之用，其利最溥。物外高隐，坐语道德，可以清心悦神。初阳薄暝，兴味萧骚，可以畅怀舒啸；晴窗榻帖，挥尘闲吟，篝灯夜读，可以远辟睡魔；青衣红袖，密语谈私，可以助情热意。坐雨闭窗，饭余散步，可以遣寂除烦。醉筵醒客，夜语蓬窗，长啸空楼，冰弦戛指，可以佐欢解渴。品之最优者，以沉香、岕茶为首，第焚煮有法，必贞夫韵士，乃能究心耳。"

每个人喜欢的茶都不一样，云南六大茶山作为世界茶叶的源头，生产出来的普洱茶，茶叶或清冽或厚重，或霸气或柔和，或饱满或悠远，普洱茶给人带来的口感享受，不仅只是茶，更像是生活的滋味，百态的人生。

每一年份新制成的普洱春茶，犹如刚出生的婴孩，干净、纯洁、柔嫩，一拿到手里就能闻见馨香，让人不由自主去接纳怜惜；初为成品的普洱茶，犹如初长成的邻家少女，年轻、青涩，带着生命的活力，散发着小清新的味道，让人对成长有了美好的期待；已有些年份的普洱茶，花香、蜜香已渐沉淀，犹如细腻内敛的中年人，对岁月有了更深的理解，温润回甘、沉稳含蓄，让人信赖；陈年普洱茶，悠久的年份赋予了茶饼以绵长厚道的韵味，像饱经岁月沧桑的老者，洞悉了时间的奥秘，积聚了时间的精华，睿智、包容、平和，所有的言语都不及眼前这一杯浓酽的老茶——它凝聚了人的智慧、岁月的光华，回甘隽永。

普洱茶不像葡萄酒那么浪漫骄傲，也没有咖啡那么个性张扬，它最讲究

第四章　普洱茶
　　　　的
　　　　生产工艺
　　　　和
　　　　品饮方式

的是接地气，符合中国人讲究阴阳平衡的道理，"没有茶气"或者 "茶气太盛"，都是茶人、茶客所规避的。

好的普洱茶让人进入一种境界，品茶也是在品时间的味道、地域的差异、人性的不同，茶折射出生活和人的方方面面。一道茶从种植、生长、采摘至制作、命名，再至观其形、听其声、闻其香、品其韵，进而感悟升华，早已超越了一般的物质形态，里面有大自然智慧的结晶，也有人类文化的传承。"品君一杯茶，仿佛与君一席谈。"一片小小的茶叶所能承载的，是需要品茶之人去静心感受、理解、接纳并消化的。

宋徽宗《大观茶论》云："茶之为物，擅瓯闽之秀气，钟山川之灵禀，祛襟涤滞，致清导和，则非庸人孺子可得而知矣。冲淡简洁，韵高致静，则非惶遽之时可得而好尚矣。"

茶让中国人的生活呈现出一种认真细腻、平淡从容、朴素旷达、包容大度的禀性，冲泡茶的过程，活水活火精器，治器、候汤、冲点、刮沫、淋罐、烫杯、洒茶等，每个环节都要精准有度。这些细节看似烦琐，但在一天一天的泡茶过程中，可修炼自己，以茶水滋养身心。而普洱茶自出现以来就不只是一种可有可无的饮品，它是滋养原住民的源泉，是制茶人守静笃之境，以认真的态度和耐心做出来的人生况味，是热爱普洱茶韵味的人生活里的清欢。只有对万物心存敬意和悲悯的人，才能享受到茶的美好韵味，以茶为师为友，去感悟生活的悲欢离合，然后认认真真、从从容容、平平和和地，把自己放在生活之中。

这一程，为了一个寻茶、问茶的念想，我们一行走向云南，深入一片片茶

6. 普洱茶
   是
   一种
   生活方式

山，接触一个个茶园，认识一个个茶人、茶农，与一片树叶在茶山相遇，去遇见中国一些显著或隐秘的茶园，希冀通过自己的足印，以最接近这片树叶的方式，探究茶叶的前世今生，像认识一个人一样去认识茶的美好内核。

在茶山待了一个月，仿佛离开城市已经很久很久，甚至老陈还产生一丝念想，在茶山旁找一个村寨，种植一片茶，做一个种茶、炒茶、卖茶的农夫，在此拾柴煮泉、品茗论茶，时间在目，亦如久远。

即将离开云南的时候，勐海盼来了今年久违的雨。这场雨中午时分下起，雨不大，并未解决一月来茶山的渴雨。但这场雨终究还是把远处的山头下出一幅轻烟缭绕、浓雾弥漫、云烟山气浸染的景象。我们坐在茶山脚下的茶厂，似乎能闻到空气中有一股沁人的草木清香，仿佛是山岚的灵气夹杂着茶树散发出来的特有香气，此时的茶山，不知这雨是否能浇出茶树枝头一瓣一瓣带着春意的芽尖？即使离开云南茶山这片神奇的土地，我们也明白，此后的茶生活，当如白居易所说："食罢一觉睡，起来两瓯茶。举头看日影，已复西南斜。乐人惜日促，忧人厌年赊。无忧无乐者，长短任生涯。"

第四章　普洱茶
　　　　的
　　　　生产工艺
　　　　和
　　　　品饮方式

花絮

Day 1
2019.4.15

从空中俯瞰，云南茶山匍匐在大地上，郁郁苍苍；而流经西双版纳的澜沧江，则像一条带着时间意味的长线，在眼皮底下蜿蜒而去。

西双版纳

Day 2
2019.4.16

古茶园里植被丰富。山路两旁生长着水冬瓜树和飞机草，拉祜族木楼后面就是古茶树，山鸡和冬瓜猪在茶树下闲闲地漫步，享受着天然嫩草、小虫和不知名的小花。

贺开古茶园

Day 3
2019.4.17

勐海村头寨尾正举办傣历迎新年活动，到处是盛装的傣族姑娘。不管骑着摩托车，还是行走在马路上，都觉赏心悦目。

勐海

Day 4
2019.4.18

巨晒！感觉自己快晒成一饼普洱茶了。老班章村里吃个午餐，点了一道菜，是古树茶叶炒鸡蛋。

老班章

Day 5
2019.4.19

打算拍几张晨曦中茶马古道的照片，经老街往茶马古道，略有坡度的青石板路被晨露滋湿，古道两旁几座木质阁楼式四合院，残垣断壁，灰瓦斑藓。

易武茶马古道

Day 6
2019.4.20

有一点水土不服，嗓子哑掉了。麻黑村的帅哥村长说："我拿十多年的老茶蜜给你润一下喉咙。"果真见效！

麻黑村、刮风寨

Day 7
2019.4.21

那些茶庄缔造者们，留下勤劳质朴、胸怀天下的气魄和胆量，借由一片片采自百年古树的茶叶，传承了古与今的茶韵，赋予了岁月对人间的有情。

易武贡茶院

Day 8
2019.4.22

在山脚茶庄园吃过晚饭，又走去看了篝火晚会，月亮升起来的时候，耳边捎着竹笛的声音往回走。此刻景迈山的夜特别宁静，竹楼隐在树林里，灯光闪闪烁烁。

景迈

Day 9
2019.4.23

即将离开云南的时候，勐海迎来了今年久违的雨。这场雨从中午时分下起，雨不大，并未解决一月来茶山的渴雨。

勐海

Day 10
2019.4.24

四月的广东空气中带着湿气。听东莞茶仓库专业人员讲解温湿度、入仓退仓的条件，陈香转化的数据，一饼饼普洱，变得活色生香。

东莞

参考文献

—陈宗懋主编：《中国茶经》，上海文化出版社，1992 年 5 月。

—【唐】陆羽著：《茶经》，中华书局，2012 年 6 月。

—【唐】陆羽等著：《茶典：＜四库全书＞茶书八种》，商务印书馆，2017 年 9 月。

—【日】冈仓天心著，王蓓译：《茶之书》，华中科技大学出版社，2017 年 7 月。

—雷平阳著：《普洱茶记》，重庆大学出版社，2018 年 9 月。

—雷平阳著：《八山记》，重庆大学出版社，2018 年 10 月。

—吕玫、詹皓编著：《茶叶地图》，上海远东出版社，2002 年 5 月。

—生活月刊著：《茶之路》，广西师范大学出版社，2014 年 9 月。

—金刚编著：《普洱茶典汇》，吉林出版集团股份有限公司，2018 年 11 月。

—赫连奇、浦绍柳编著：《普洱帝国：云南普洱 24 寨》，华中科技大学出版社，
  2019 年 1 月。

—周重林、李乐骏著：《茶叶江山：我们的味道，家园与生活》，北京大学出版社，
  2014 年 12 月。

—周重林、太俊林著：《茶叶战争：茶叶与天朝的兴衰》，华中科技大学出版社，2012 年 8 月。

—周重林、杨绍巍、杨静茜、李明、李扬等著：《茶叶边疆：勐库寻茶记》，
  华中科技大学出版社，2017 年 7 月。

—邵宛芳主编：《数据解码普洱茶功效》，云南科技出版社，2018 年 11 月。

—广州中医药大学诊断治疗大全编委会：《中医诊断治疗大全》，广东科技出版社，
  2006 年 3 月。

—陈镜雄著：《茶福》，中山大学出版社，2013 年 11 月。

—静清和著：《茶与茶器》，九州出版社，2017 年 10 月。

—廖宝秀著：《历代茶器与茶事》，故宫出版社，2017 年 12 月。

—杨凯著：《茶庄茶人茶事：普洱茶故事集》，晨光出版社，2017 年 6 月。

图书在版编目（CIP）数据

遇见普洱 / 蔡妙芳, 陈达舜, 陈镜顺著.
——上海：华东师范大学出版社，2020
ISBN 978-7-5760-0116-7

Ⅰ.①遇… Ⅱ.①蔡… ②陈… ③陈… Ⅲ.①普洱茶 –
茶文化 Ⅳ.① TS971.21

中国版本图书馆 CIP 数据核字 (2020) 第 035771 号

遇见普洱

著　　者	蔡妙芳　陈达舜　陈镜顺
责任编辑	乔　健
项目编辑	王　焰　许　静
责任校对	张佳妮　时东明
策　　划	广东茗家私享文化科技有限公司
	广州薪传文化发展有限公司
	广州朱雀信息科技有限公司
装帧设计	余子骥设计事务所　余子骥 + 蒋佳佳
摄　　影	谢钻哲　施彤宇　李家荣　陈荣清

出版发行	华东师范大学出版社
社　　址	上海市中山北路 3663 号　邮编　200062
网　　址	www.ecnupress.com.cn
电　　话	021-60821666　行政传真　021-62572105
客服电话	021-62865537
门市电话	021-62869887（邮购）
地　　址	上海市中山北路 3663 号华东师范大学校内先锋路口
网　　店	http://hdsdcbs.tmall.com

印 刷 者	深圳市国际彩印有限公司
开　　本	889 毫米 ×1194 毫米　32 开
印　　张	12
字　　数	177 千字
版　　次	2020 年 5 月第 1 版
印　　次	2020 年 5 月第 1 次
书　　号	978-7-5760-0116-7
定　　价	138.00 元

出 版 人　王　焰

（如发现本版图书有印订质量问题，请寄回本社客服中心调换或电话 021-62865537 联系）